'고~호'를 배워요

✻ 부릉부릉 글자 버스가 지나가요. 버스에 쓰인 글자를 읽고, 흐린 글자 위에 스티커를 붙이세요.

'고'는 어떻게 쓸까요?

✻ '고'를 따라 쓰고, 그림을 보고 이름을 말해 보세요.

① ② ③ 고 고

고 고

고래

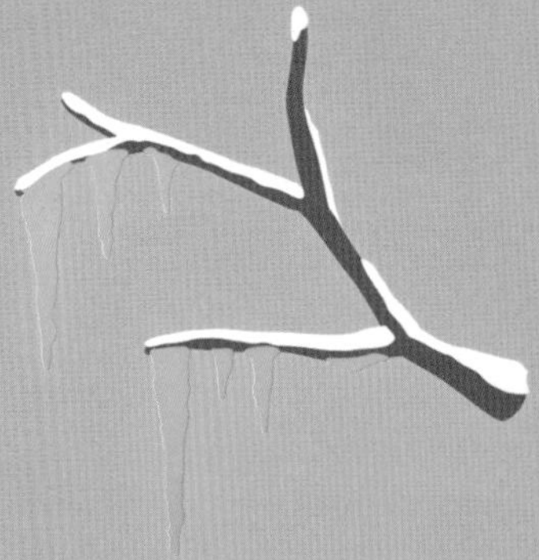

고드름

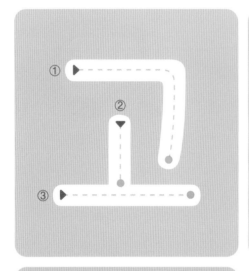

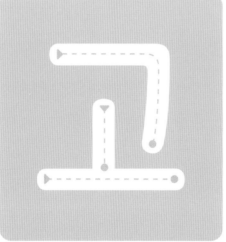

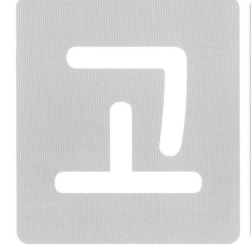

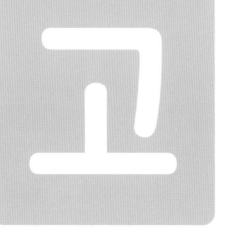

고구마

'노'는 어떻게 쓸까요?

✻ '노' 를 따라 쓰고, 그림을 보고 이름을 말해 보세요.

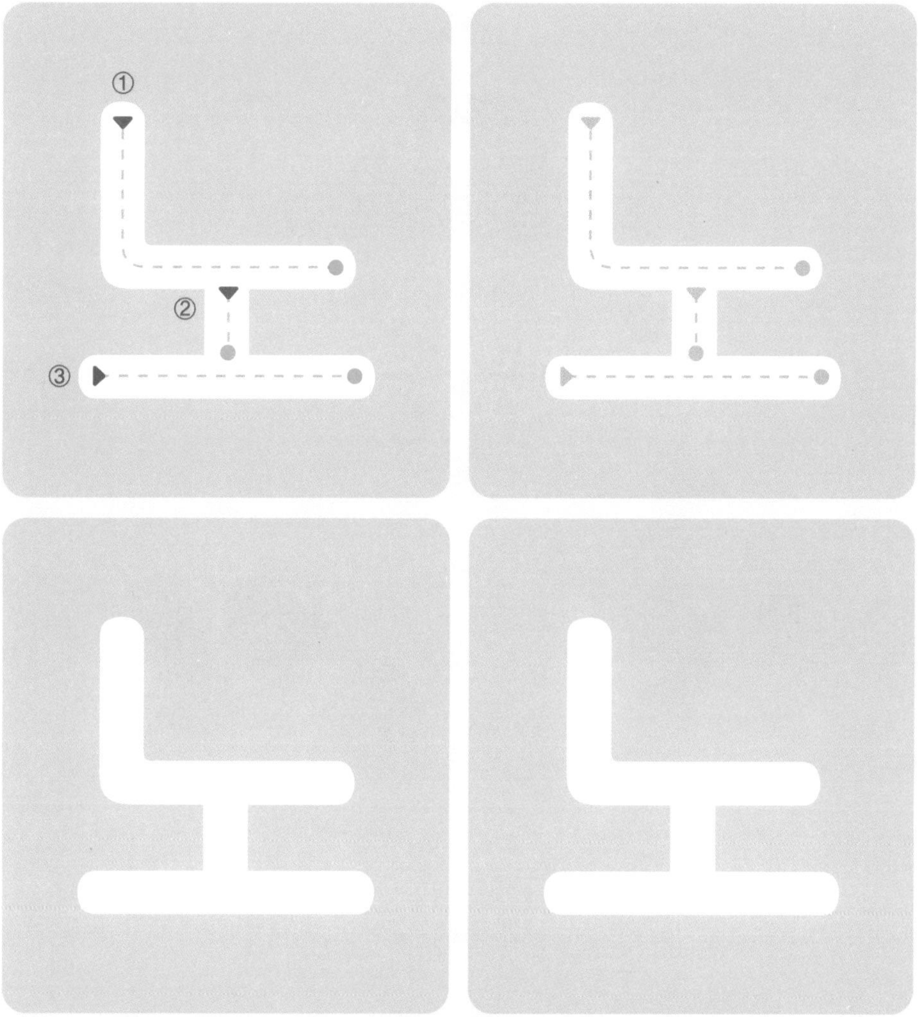

노루

노랑 노래

'도'는 어떻게 쓸까요?

✻ '도'를 따라 쓰고, 글자를 따라 쓰세요.

① ② ③ ④ 도

도

도

도

도로

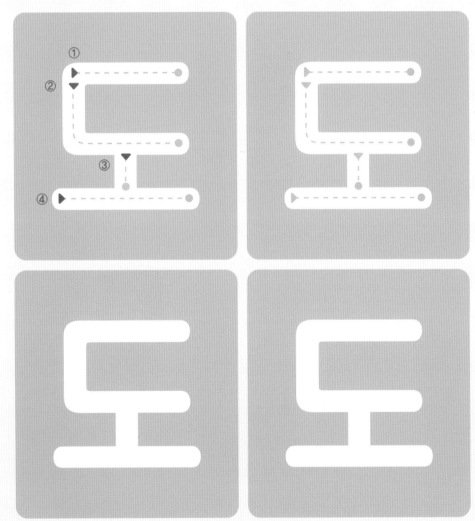

도깨비

도토리

'고~도'를 배워요

✻ 같은 낱자가 들어있는 것끼리 선으로 이으세요.

'로'는 어떻게 쓸까요?

✻ '로' 를 따라 쓰고, 빈칸에 알맞은 스티커를 붙이세요.

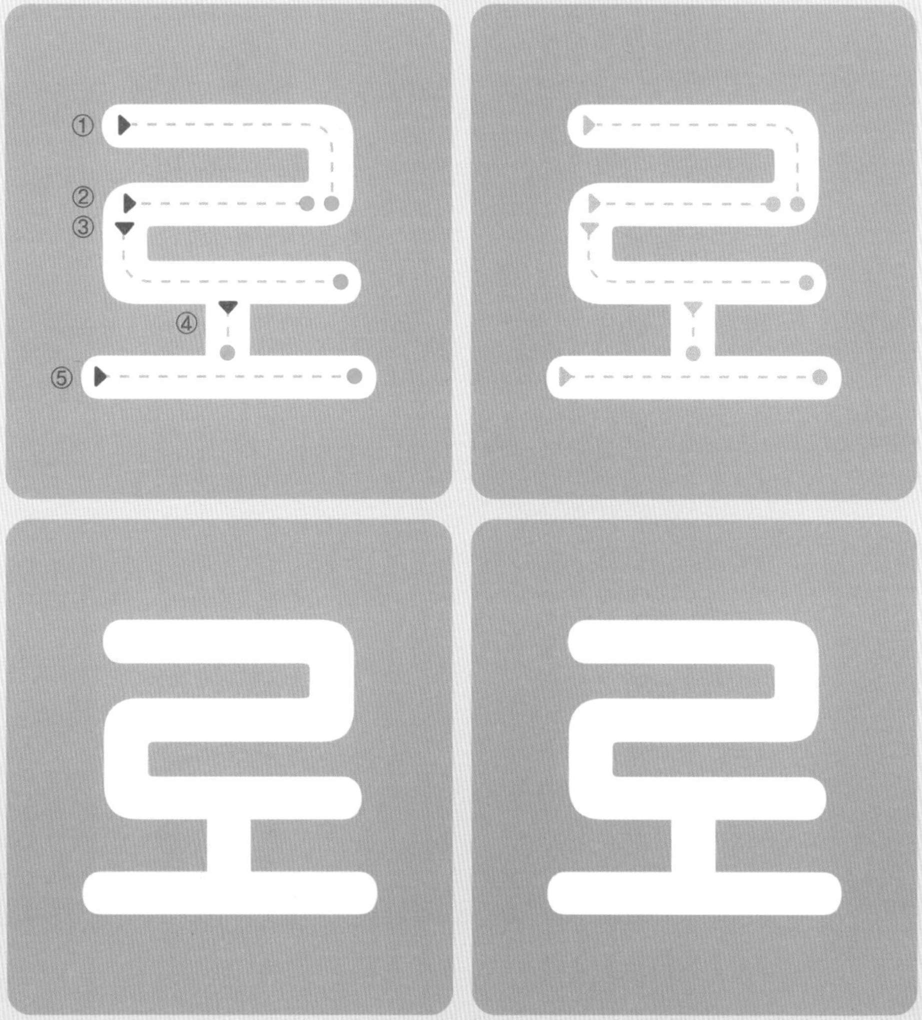

가 □ 등

□ 켓

□ 봇

'모'는 어떻게 쓸까요?

* '모' 를 따라 쓰고, 빈칸에 알맞은 스티커를 붙이세요.

① ② ③ ④ ⑤

모 모

모 모

□ 기

□ 래

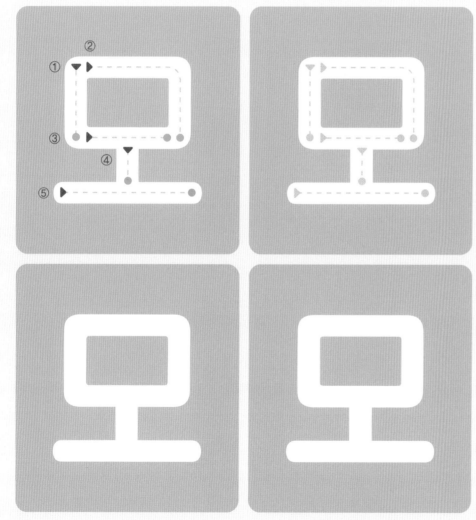

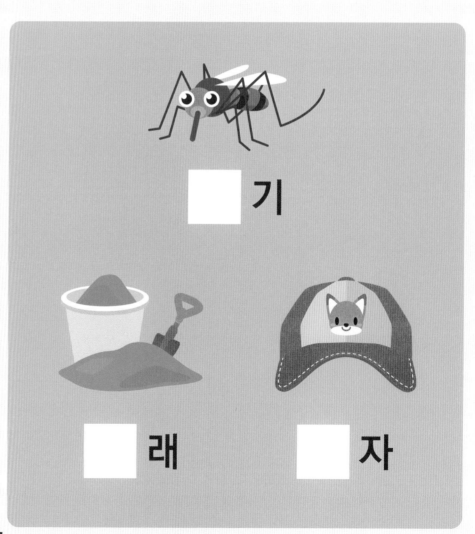

□ 자

'보'는 어떻게 쓸까요?

❋ '보' 를 따라 쓰고, 빈칸에 알맞은 스티커를 붙이세요.

① ② ③ ④ ⑤ ⑥

보 보

보 보

□ 물

□ 리

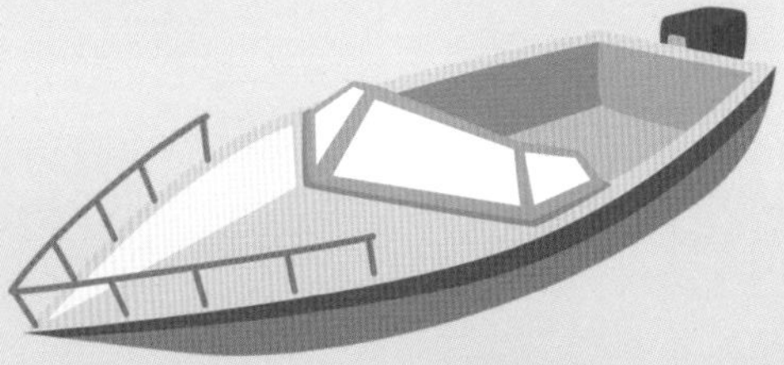

□ 트

'로~보'를 배워요

❋ 이름에 글자가 하나씩 없어요. 없는 글자를 찾아 선으로 잇고, 읽어 보세요.

□ 트

□ 기

□ 봇

로 모 보

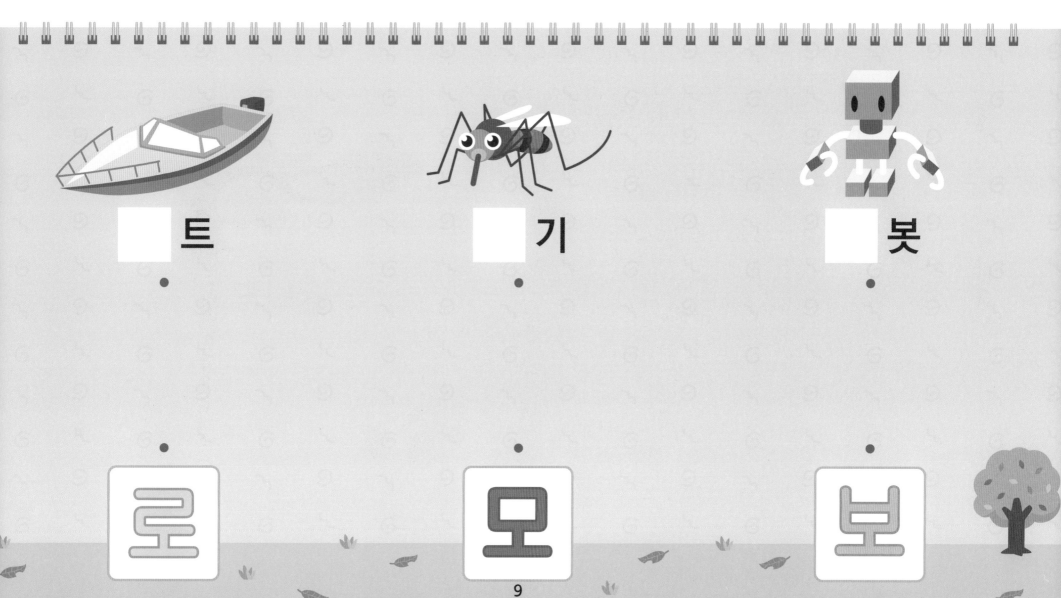

'소'는 어떻게 쓸까요?

✱ '소' 를 따라 쓰고, 그림을 보고 이름을 말해 보세요.

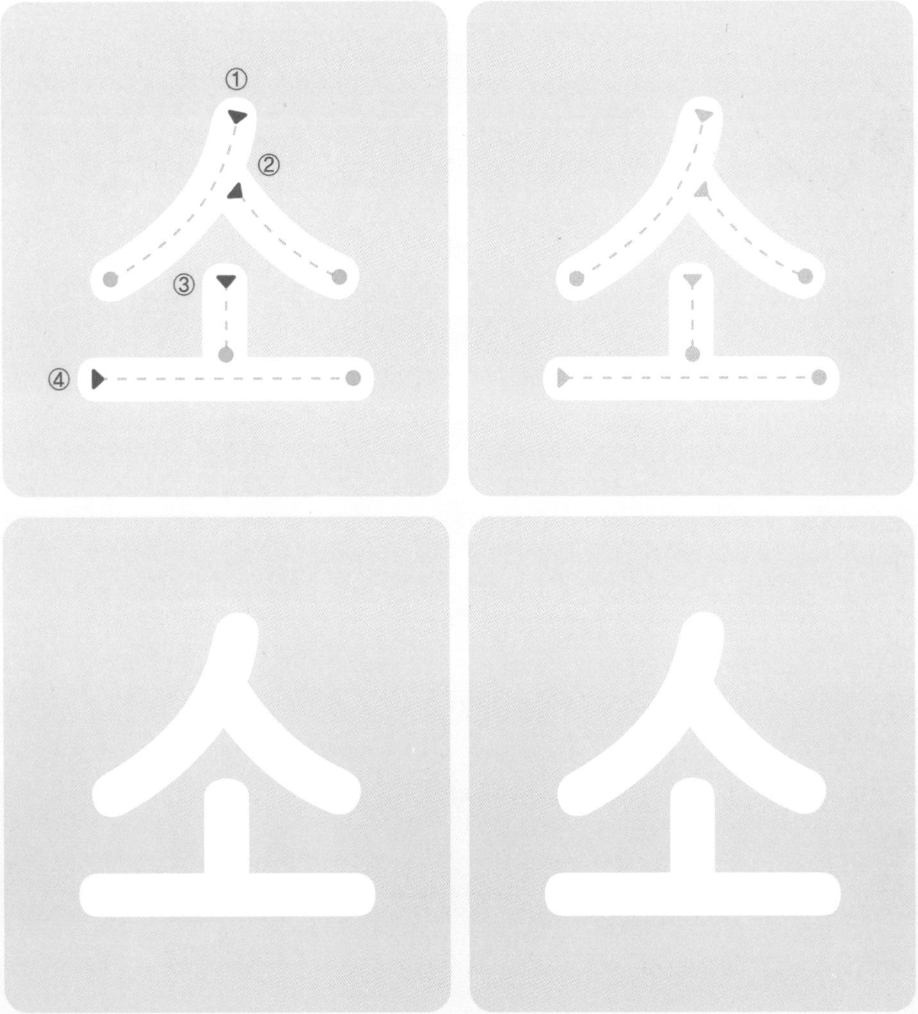

소나무

소라

시소

'오'는 어떻게 쓸까요?

✻ '오'를 따라 쓰고, 빈칸에 알맞은 스티커를 붙이세요.

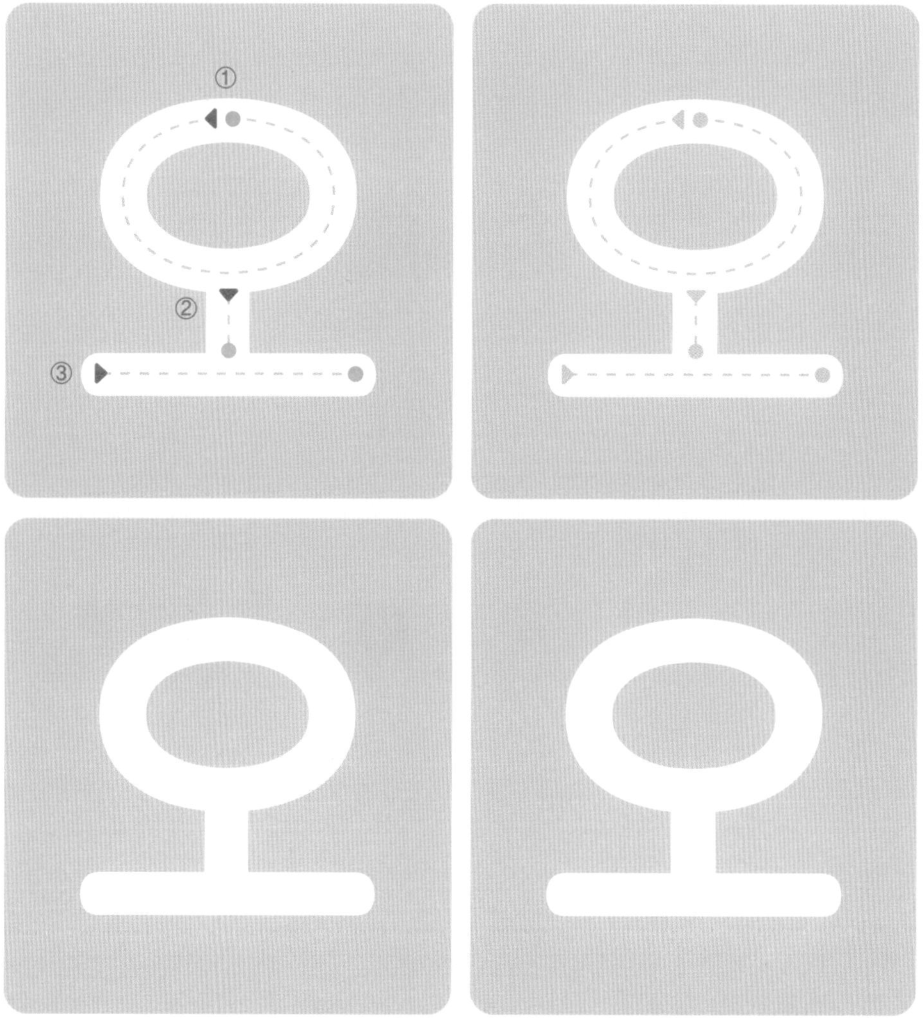

□ 리

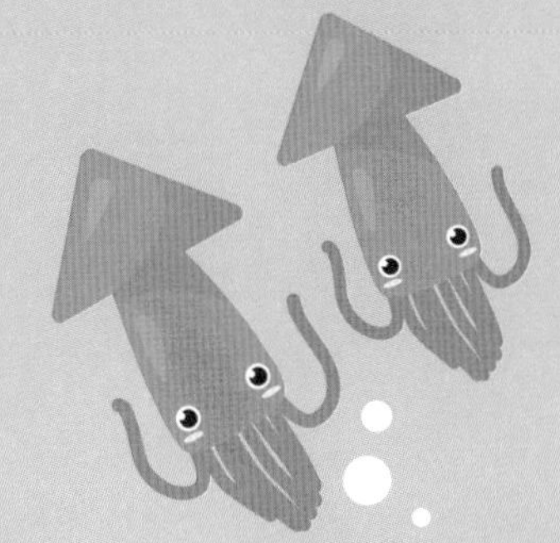

□ 징 어

□ 이

'조'는 어떻게 쓸까요?

❋ '조' 를 따라 쓰고, 빈칸에 알맞은 스티커를 붙이세요.

① ② ③ ④ 조

조

조

조

□ 개

□ 끼

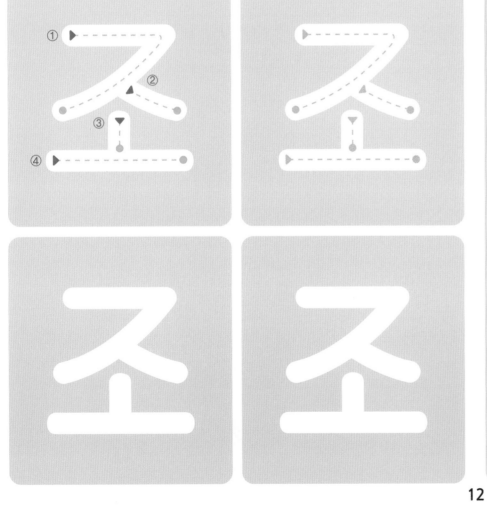

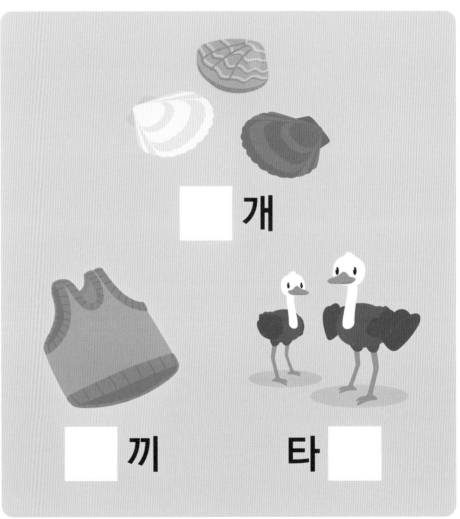

타 □

'소~조'를 배워요

✻ 무엇이 있는지 이름을 말하고, 같은 낱자가 들어 있는 낱말끼리 선으로 이으세요.

소나무

오리

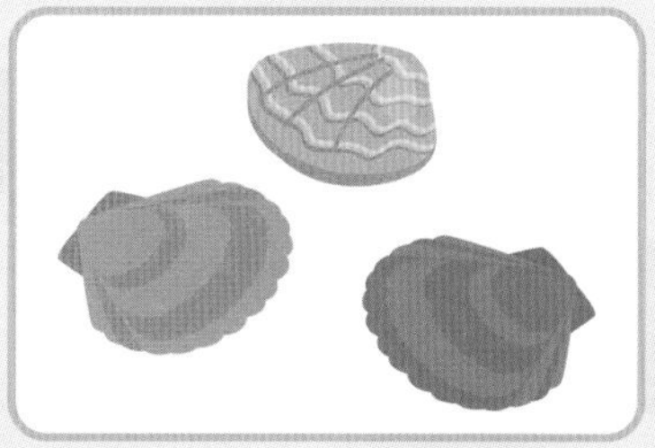

조개

오징어

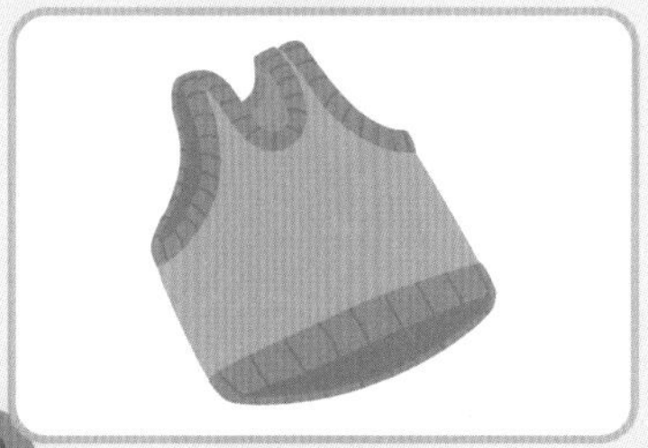

조끼

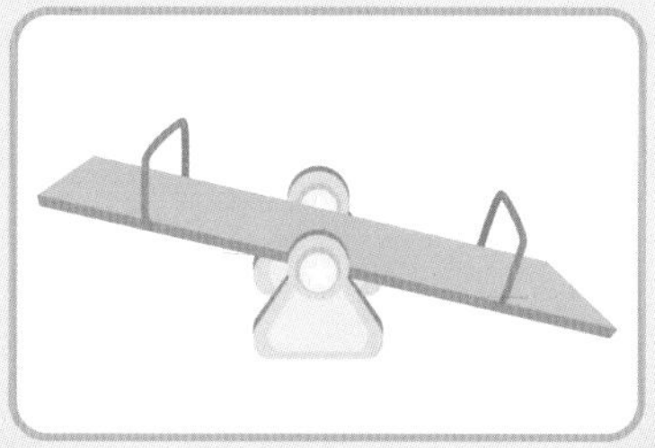

시소

'초'는 어떻게 쓸까요?

✳ '초' 를 따라 쓰고, 빈칸에 알맞은 스티커를 붙이세요.

①②③④⑤

초 초

초 초

□ 가 집

양□

식□

'코'는 어떻게 쓸까요?

✻ '코' 를 따라 쓰고, 그림을 보고 이름을 말해 보세요.

① ② ③ ④ 코

코

코

코

코끼리

코뿔소

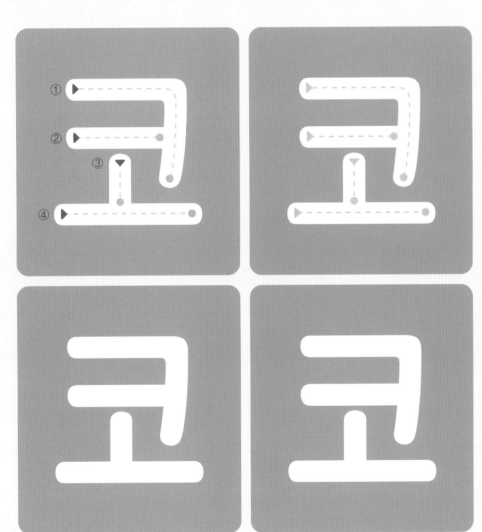

코알라

'토'는 어떻게 쓸까요?

✻ '토'를 따라 쓰고, 빈칸에 알맞은 스티커를 붙이세요.

① ② ③ ④ ⑤

토 토

토 토

□ 끼

도 □ 리

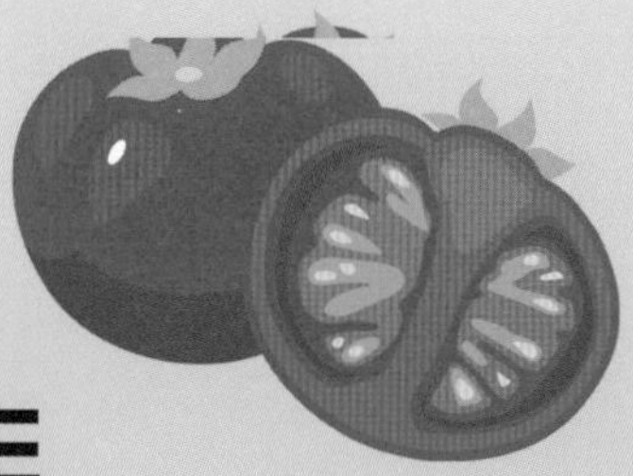

□ 마 토

'초~토'를 배워요

✽ 그림의 이름을 말하고, 이름에 들어 있는 낱자에 ○하세요.

양초

호 산 초 조

코끼리

끼 토 라 코

토끼

초 토 모 비

'포'는 어떻게 쓸까요?

❋ '포'를 따라 쓰고, 빈칸에 알맞은 스티커를 붙이세요.

① ② ③ ④ ⑤ ⑥ 포

포

포

포

□ 스 터

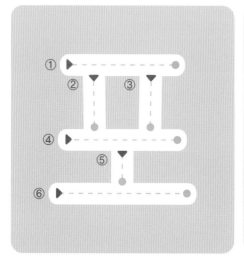

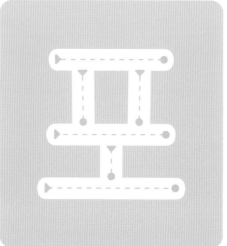

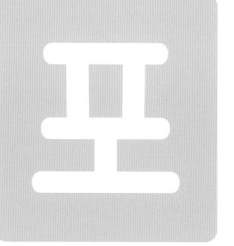

□ 장

□ 도

'호'는 어떻게 쓸까요?

✻ '호' 를 따라 쓰고, 빈칸에 알맞은 스티커를 붙이세요.

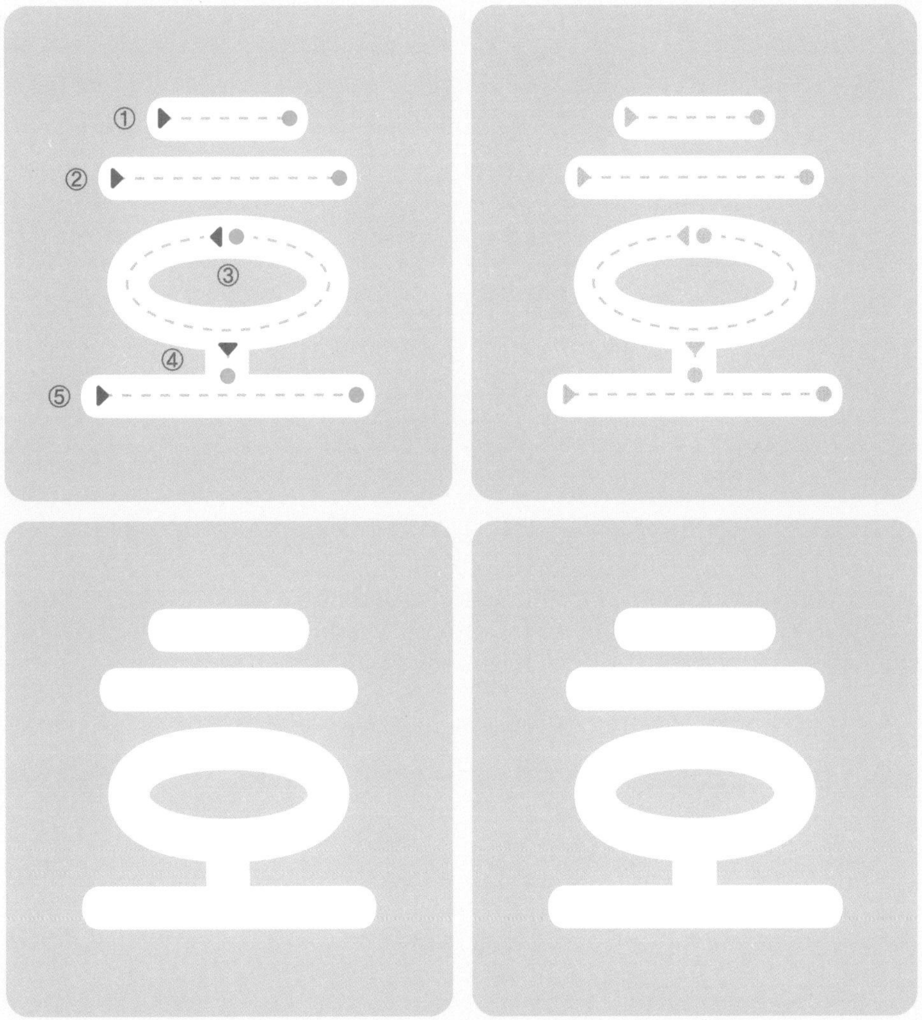

□ 두 □ 랑 이

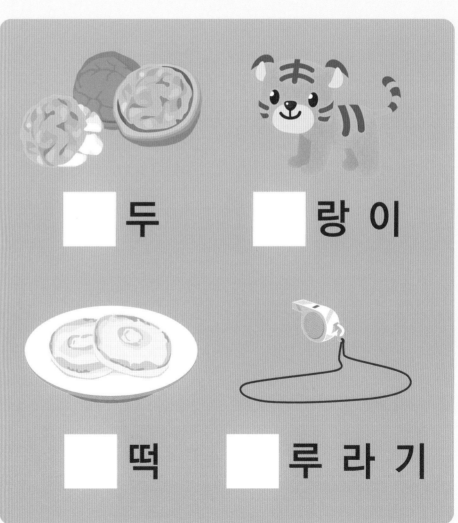

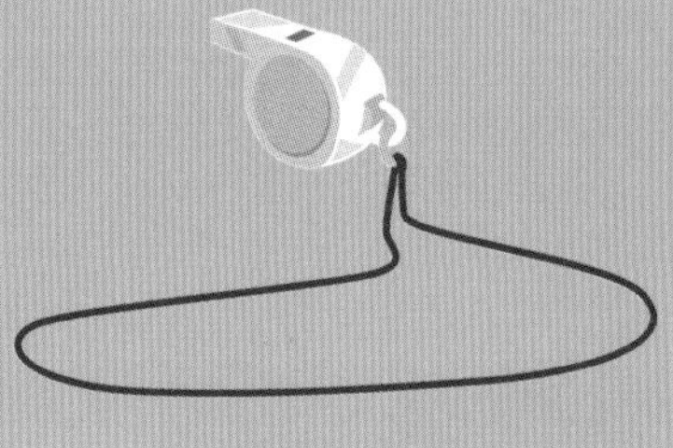

□ 떡 □ 루 라 기

'포~호'를 배워요

✻ 무엇이 있는지 이름을 말하고 같은 낱자가 들어있는 낱말끼리 선으로 이으세요.

포도

호랑이

호박

포스터

호두

포장

'고~호'를 배워요

* 아기 고양이가 엄마 고양이에게 가려고 해요. '고~호'까지 순서대로 길을 찾아가세요.

'고~소'를 배워요

* '고~소' 까지 예쁘게 쓰세요.

고	노	도	로	모	보	소
고	노	도	로	모	보	소
고	노	도	로	모	보	소
고	노	도	로	모	보	소

'오~호'를 배워요

✳ '오~호' 까지 예쁘게 쓰세요.

오	조	초	코	토	포	호
오	조	초	코	토	포	호
오	조	초	코	토	포	호
오	조	초	코	토	포	호

'구~후'를 배워요

❋ 버섯에 쓰인 글자가 있어요. 글자를 읽고, 글자 위에 스티커를 붙이세요.

'구'는 어떻게 쓸까요?

✻ '구' 를 따라 쓰고, 그림을 보고 이름을 말해 보세요.

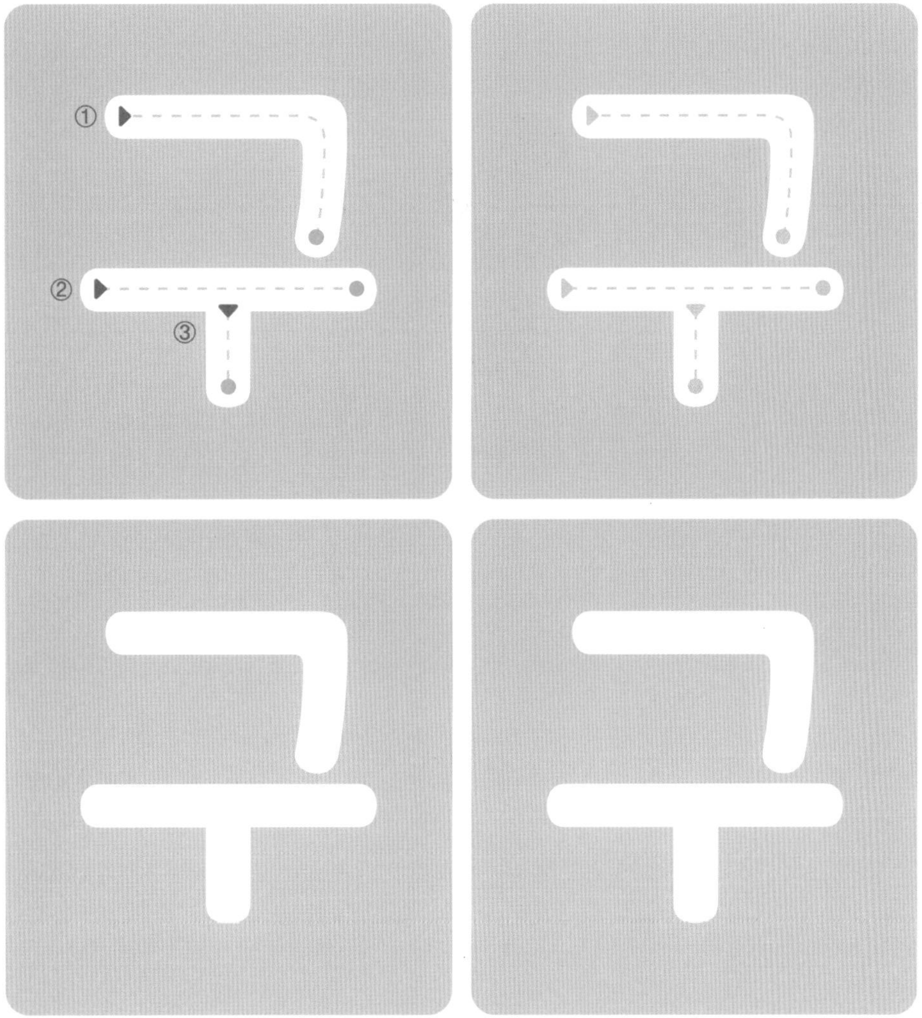

구두

농구공

구름

'누'는 어떻게 쓸까요?

✻ '누' 를 따라 쓰고, 그림을 보고 이름을 말해 보세요.

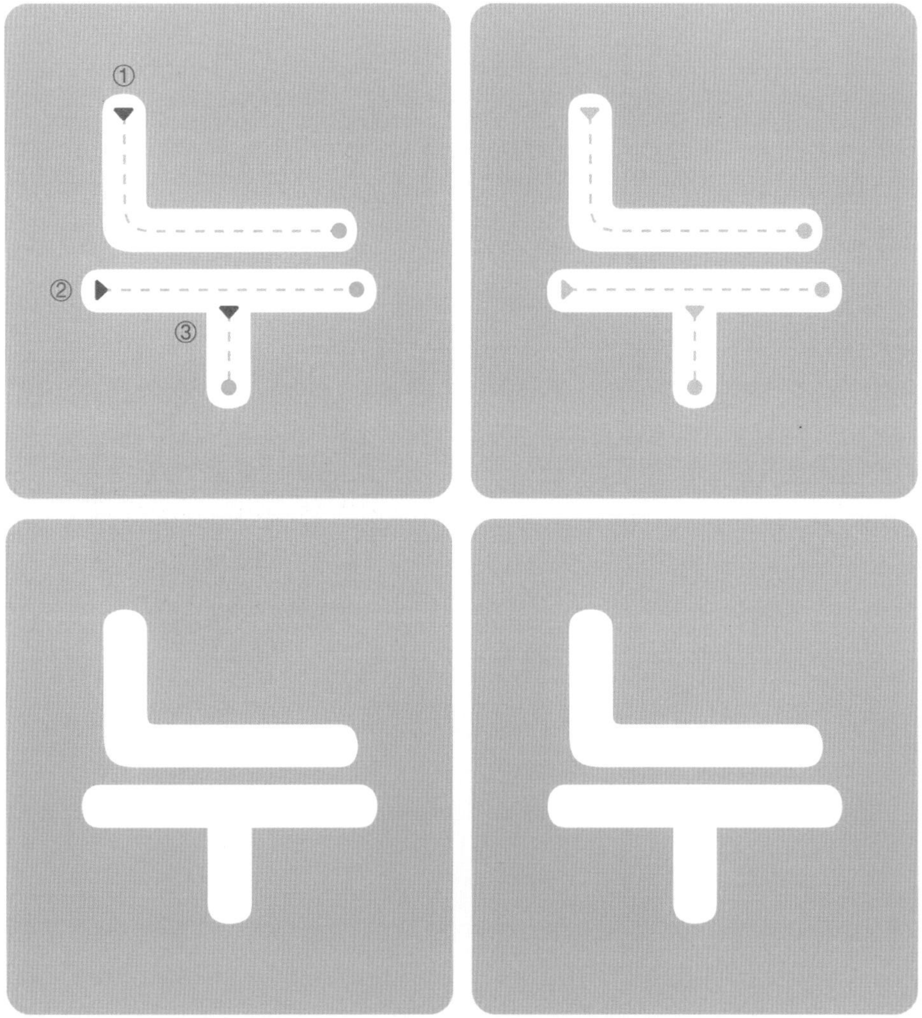

'두'는 어떻게 쓸까요?

❋ '두'를 따라 쓰고, 빈칸에 알맞은 스티커를 붙이세요.

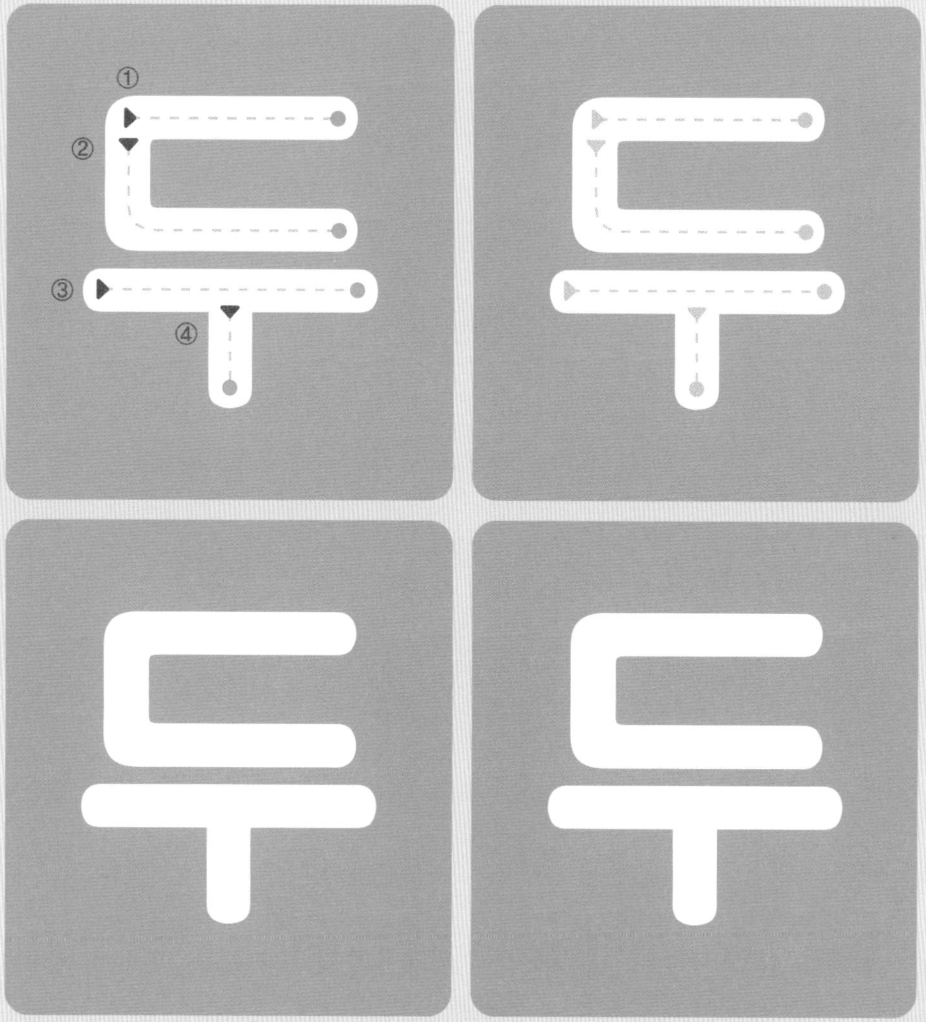

□ 유

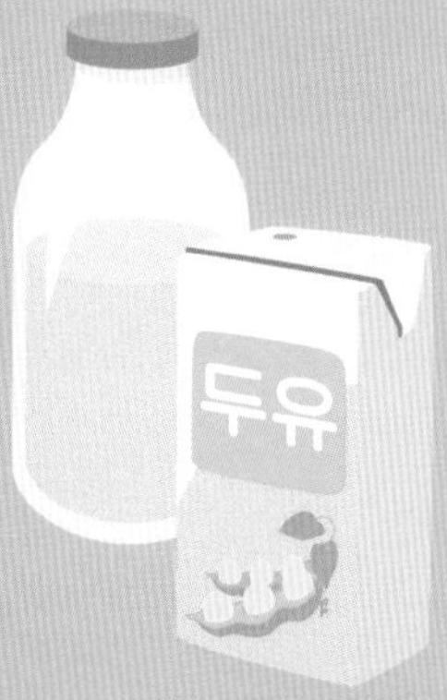

□ 부

□ 꺼 비

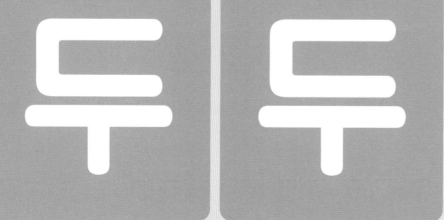

'구~두'를 배워요

✻ 그림의 이름에 들어 있는 낱자를 찾아 선으로 이으세요.

두더지

구급차

비누

구

누

두

누룽지

구슬

두꺼비

'루'는 어떻게 쓸까요?

✻ '루'를 따라 쓰고, 빈칸에 알맞은 스티커를 붙이세요.

① ② ③ ④ ⑤

루 루

루 루

노 □

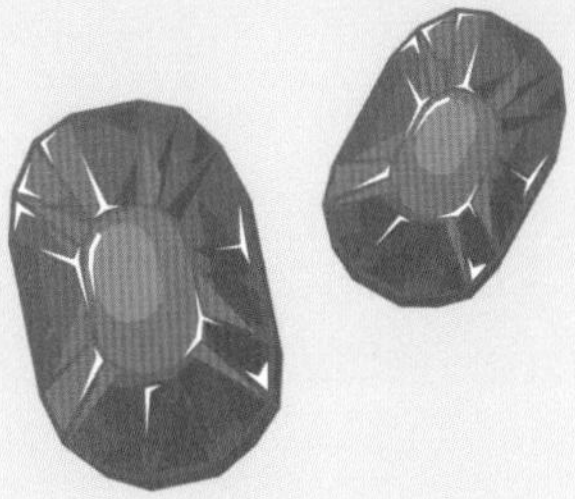

□ 비

벼 □

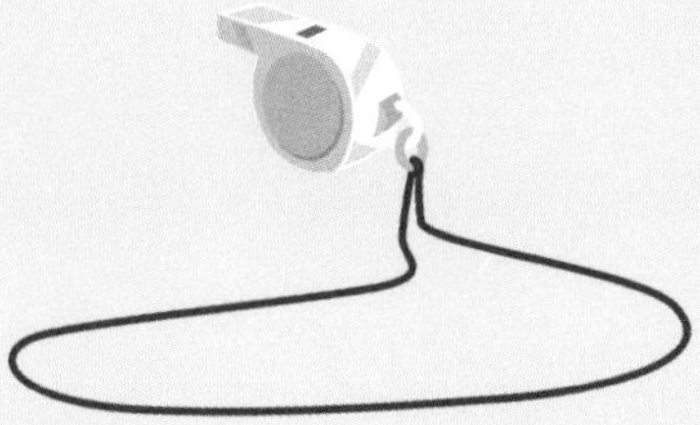

호 □ 라 기

'무'는 어떻게 쓸까요?

✽ '무' 를 따라 쓰고, 빈칸에 알맞은 스티커를 붙이세요.

① ② ③ ④ ⑤ 무

무

무

무

□ 용

□ 지 개

나 □

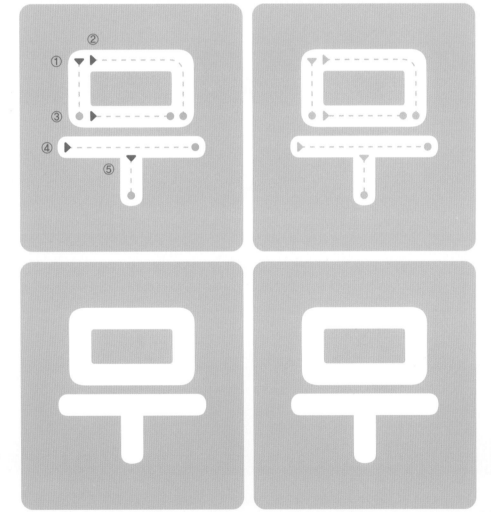

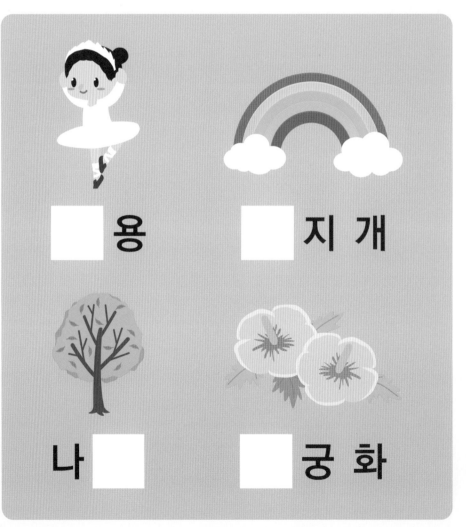

□ 궁 화

'부'는 어떻게 쓸까요?

* '부'를 따라 쓰고, 빈칸에 알맞은 스티커를 붙이세요.

① ② ③ ④ ⑤ ⑥

부 부

부 부

□ 엉 이

□ 채

□ 츠

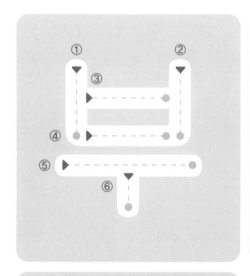

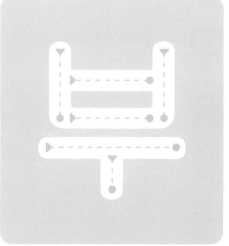

'루~부'를 배워요

✻ 상자에서 나온 낱자가 들어 있는 낱말을 찾아 선으로 이으세요.

무지개

노루

부엉이

'수'는 어떻게 쓸까요?

❋ '수'를 따라 쓰고, 빈칸에 알맞은 스티커를 붙이세요.

① ② ③ ④ 수

수

수

수

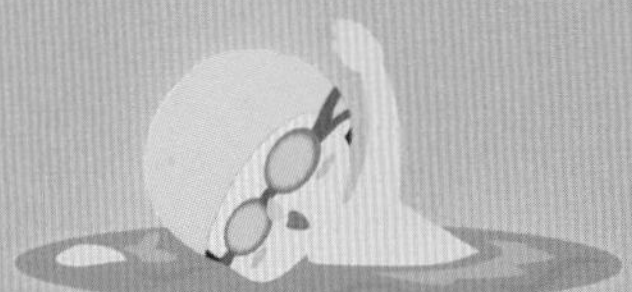

호 □ □ 영

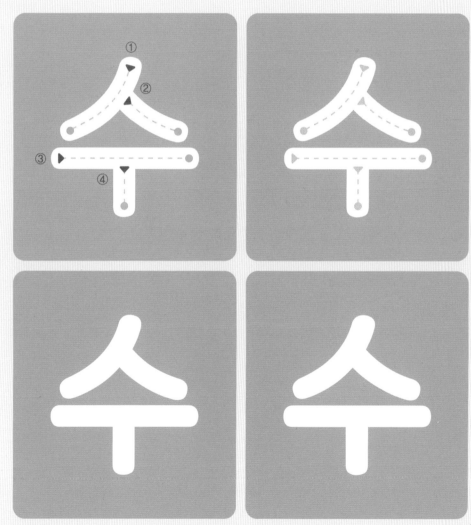

□ 달 독 □ 리

'우'는 어떻게 쓸까요?

✲ '우'를 따라 쓰고, 빈칸에 알맞은 스티커를 붙이세요.

① ② ③

우 우

우 우

☐ 유

☐ 주

☐ 산

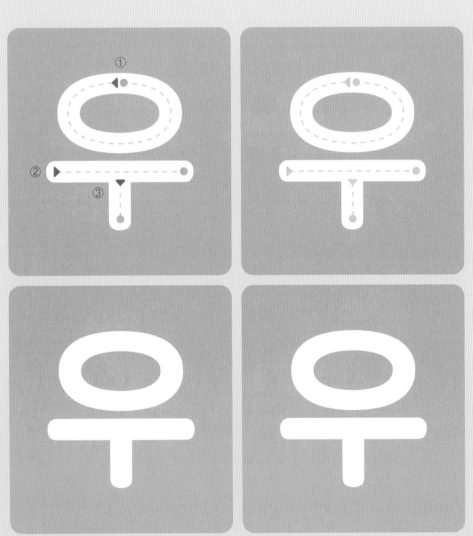

☐ 체 국

'주'는 어떻게 쓸까요?

✳ '주' 를 따라 쓰고, 그림을 보고 이름을 말해 보세요.

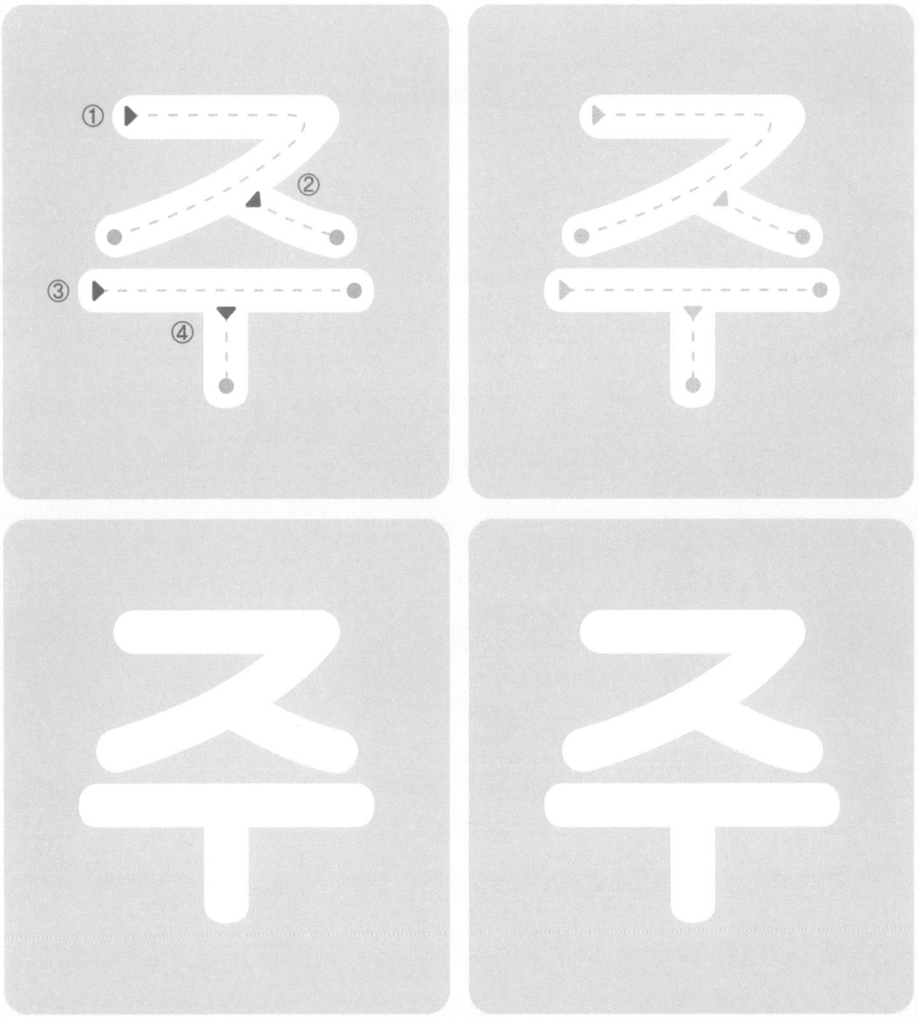

주스

주걱

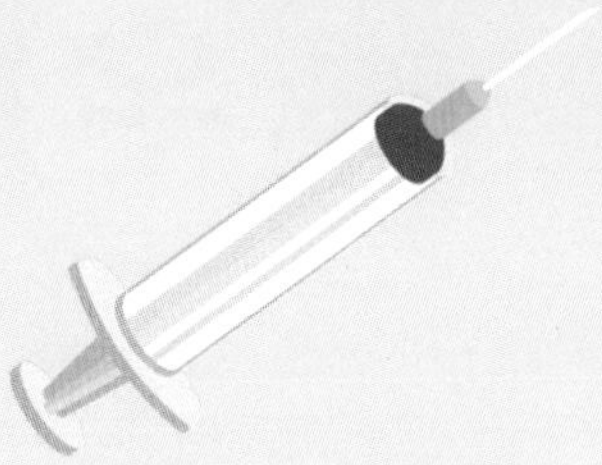

주사기

주사위

'우~주'를 배워요

✻ 그림의 이름을 말하고, 이름에 들어 있는 글자에 모두 ○하세요.

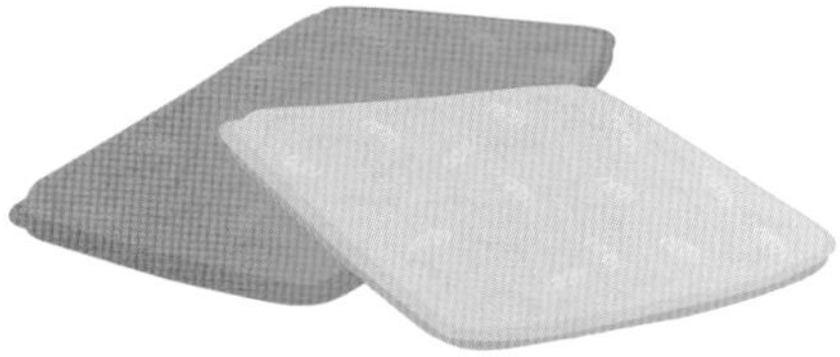

수세미

우 수 세 미

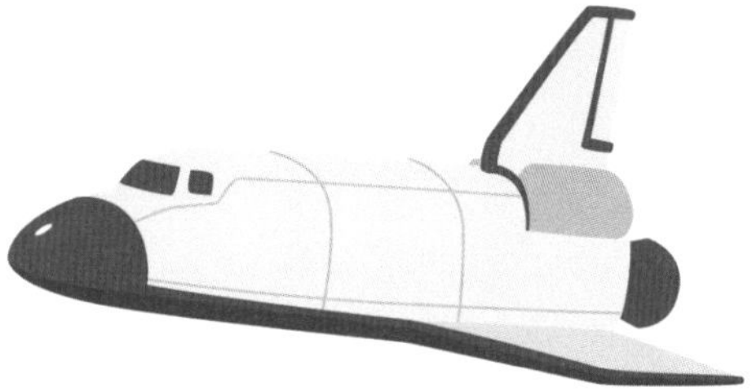

우주선

우 선 구 주

주머니

니 우 주 머

'추'는 어떻게 쓸까요?

✻ '추' 를 따라 쓰고, 그림을 보고 이름을 말해 보세요.

① ② ③ ④ ⑤ 추

추

추

추

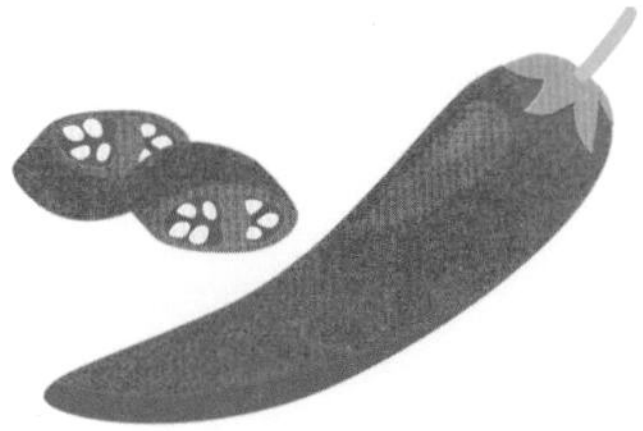

고추

단추

추석

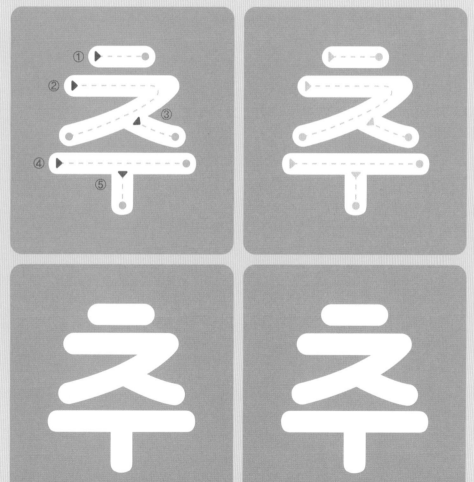

후추

'쿠'는 어떻게 쓸까요?

✳ '쿠' 를 따라 쓰고, 그림을 보고 이름을 말해 보세요.

① ② ③ ④ 쿠

쿠

쿠

쿠

소쿠리

쿠션

쿠키

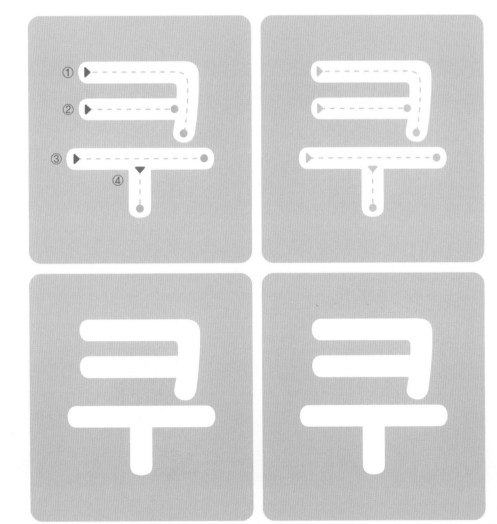

쿠폰

'투'는 어떻게 쓸까요?

✻ '투'를 따라 쓰고, 그림을 보고 이름을 말해 보세요.

① ② ③ ④ ⑤ 투

투

투

투

상투

투우

투수

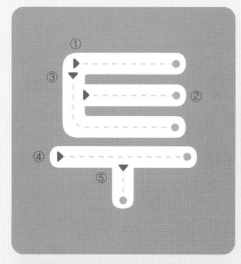

외투

'추~쿠'를 배워요

✱ 그림의 이름에 빠진 낱자를 찾아 선으로 이으세요.

후 ☐

소 ☐ 리

☐ 수

투 추 쿠

'푸'는 어떻게 쓸까요?

❋ '푸'를 따라 쓰고, 그림을 보고 이름을 말해 보세요.

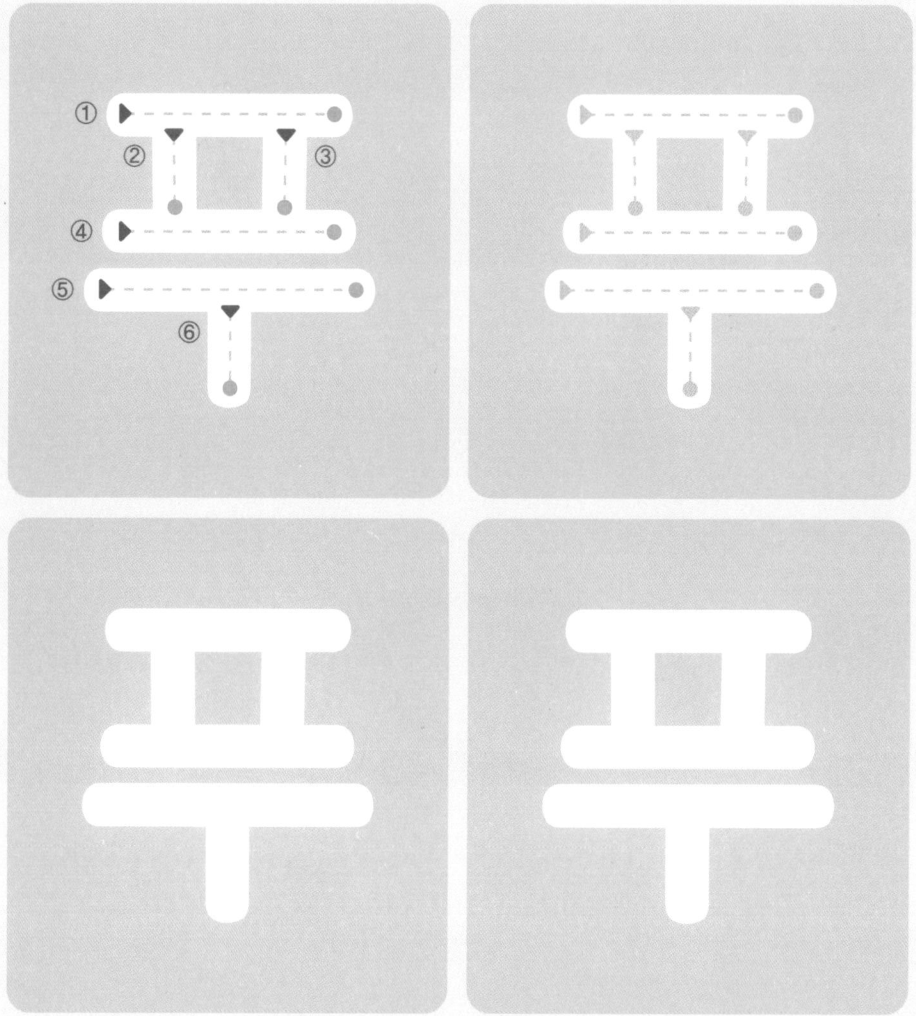

'후'는 어떻게 쓸까요?

✻ '후' 를 따라 쓰고, 빈칸에 알맞은 스티커를 붙이세요.

① ② ③ ④ ⑤

후 후

후 후

□ 추

□ 각

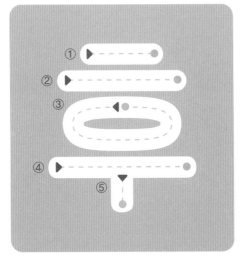

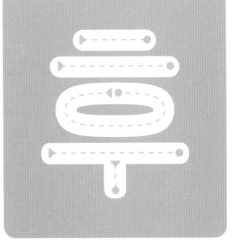

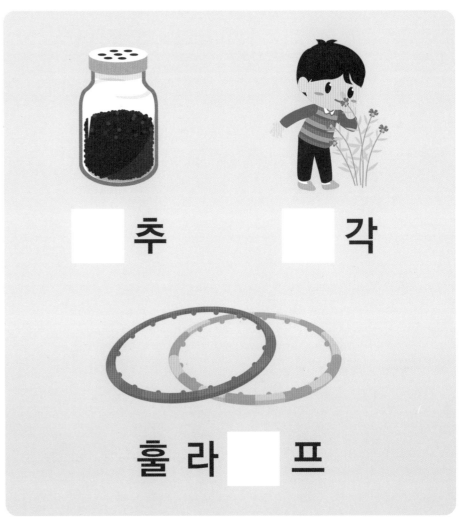

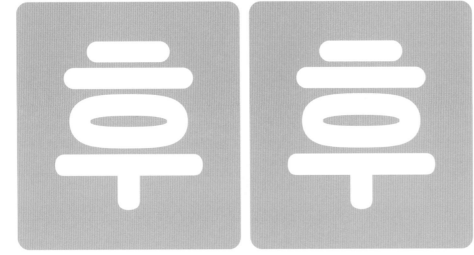

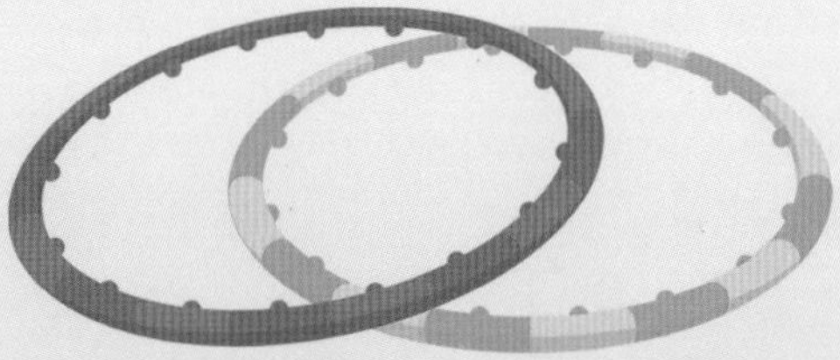

훌 라 □ 프

'푸~후'를 배워요

❋ 그림의 이름에 들어갈 알맞은 낱자에 ○하세요.

'구~후'를 배워요

참 잘했어요!

✻ 왕자님이 성안에 갇힌 공주님을 구하러 가요. '구~후' 까지 순서대로 길을 찾아가세요.

'구~수'를 배워요

❋ '구~수' 까지 예쁘게 쓰세요.

구	누	두	루	무	부	수
구	누	두	루	무	부	수
구	누	두	루	무	부	수
구	누	두	루	무	부	수

'우~후'를 배워요

❋ '우~후' 까지 예쁘게 쓰세요.

우	주	추	쿠	투	푸	후
우	주	추	쿠	투	푸	후
우	주	추	쿠	투	푸	후
우	주	추	쿠	투	푸	후

‘그~흐’를 배워요

✻ 사탕에 쓰인 글자를 읽고, 흐린 글자 위에 스티커를 붙이세요.

'그'를 써 보아요

✻ '그' 를 따라 쓰고, 그림을 보고 이름을 말해 보세요.

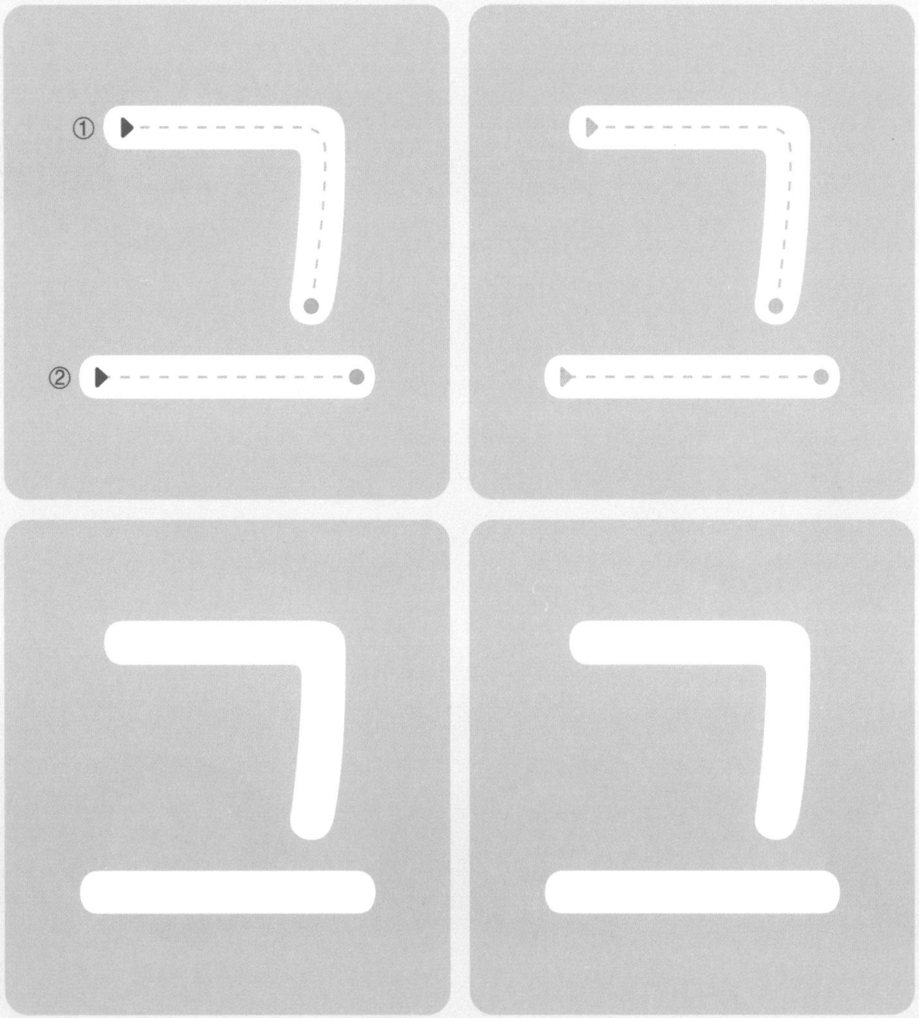

그네

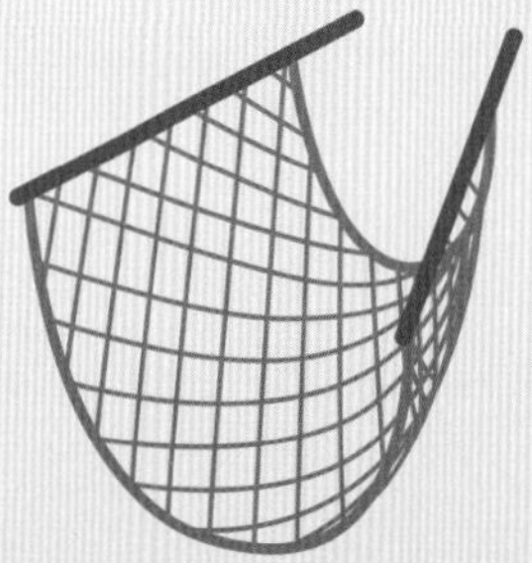

그물

그림

'느'를 써 보아요

✻ '느' 를 따라 쓰고, 그림을 보고 이름을 말해 보세요.

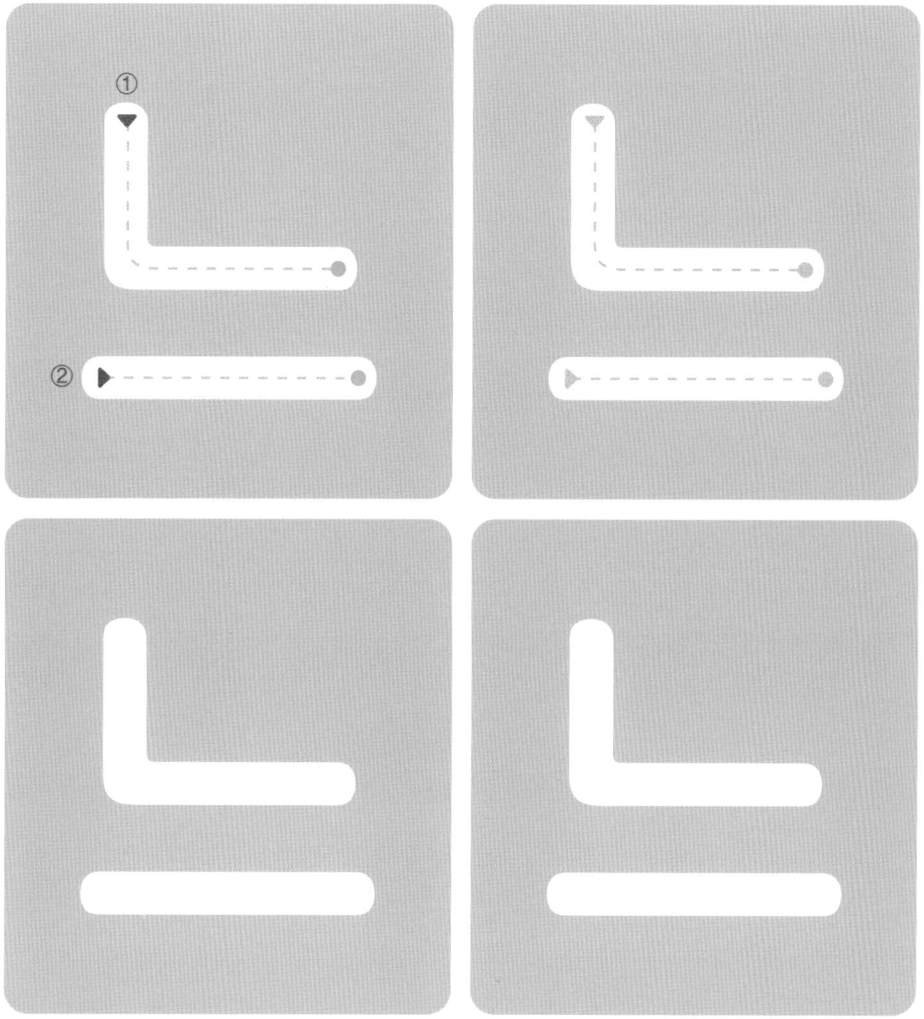

'드'를 써 보아요

❋ '드' 를 따라 쓰고, 빈칸에 알맞은 스티커를 붙이세요.

① ② ③

드 드

드 드

고 ☐ 름

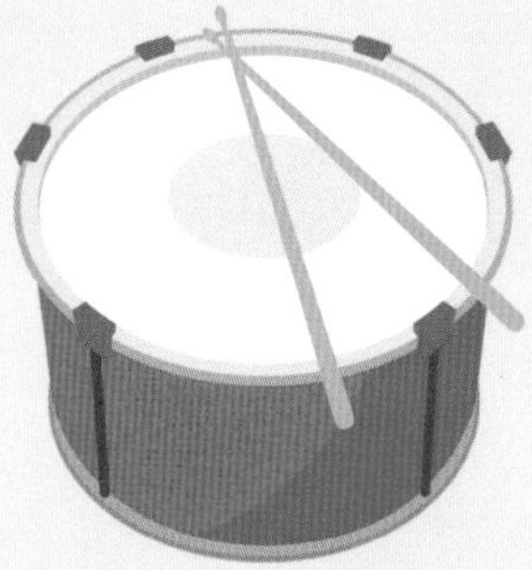

☐ 럼

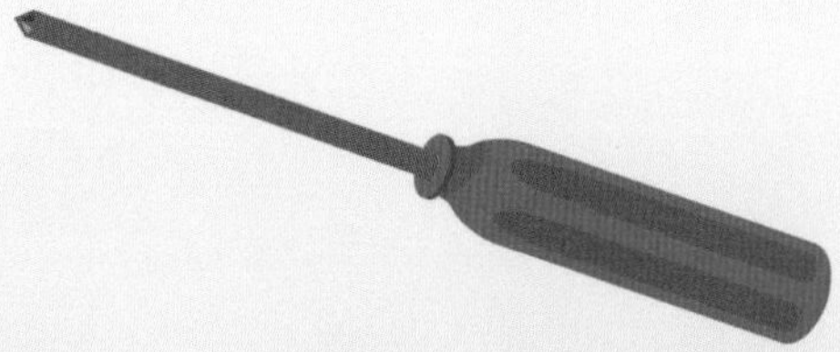

☐ 라 이 버

'그~드'를 배워요

❋ 같은 낱자가 들어 있는 것끼리 선으로 이으세요.

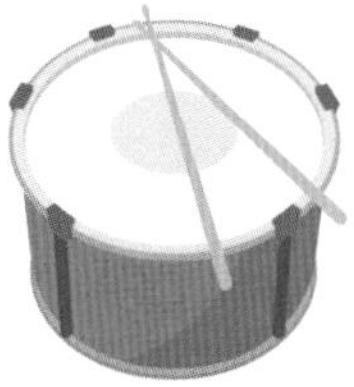

드럼

느티나무

그네

느낌표

드라이버

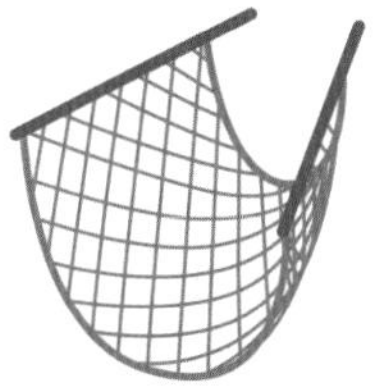

그물

'ㄹ'를 써 보아요

✻ 'ㄹ' 를 따라 쓰고, 빈칸에 알맞은 스티커를 붙이세요.

① ② ③ ④

가 ☐ 마

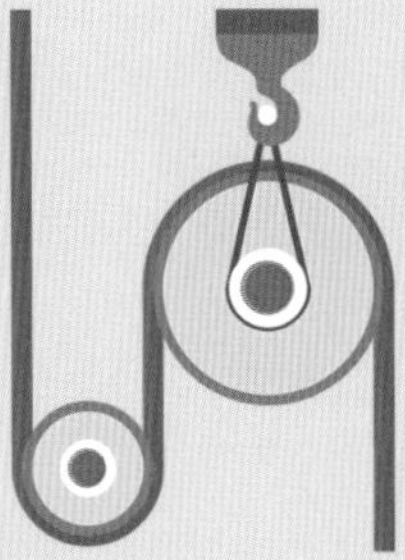

도 ☐ 래

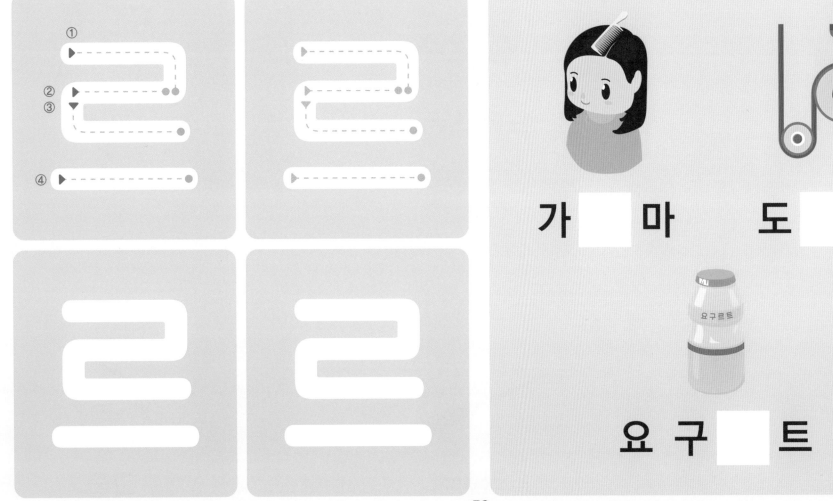

요 구 ☐ 트

'므'를 써 보아요

✻ '므' 를 따라 쓰고, '므'가 들어간 그림을 예쁘게 색칠해 보세요.

① ② ③ ④

'브'를 써 보아요

✻ '브' 를 따라 쓰고, 빈칸에 알맞은 스티커를 붙이세요.

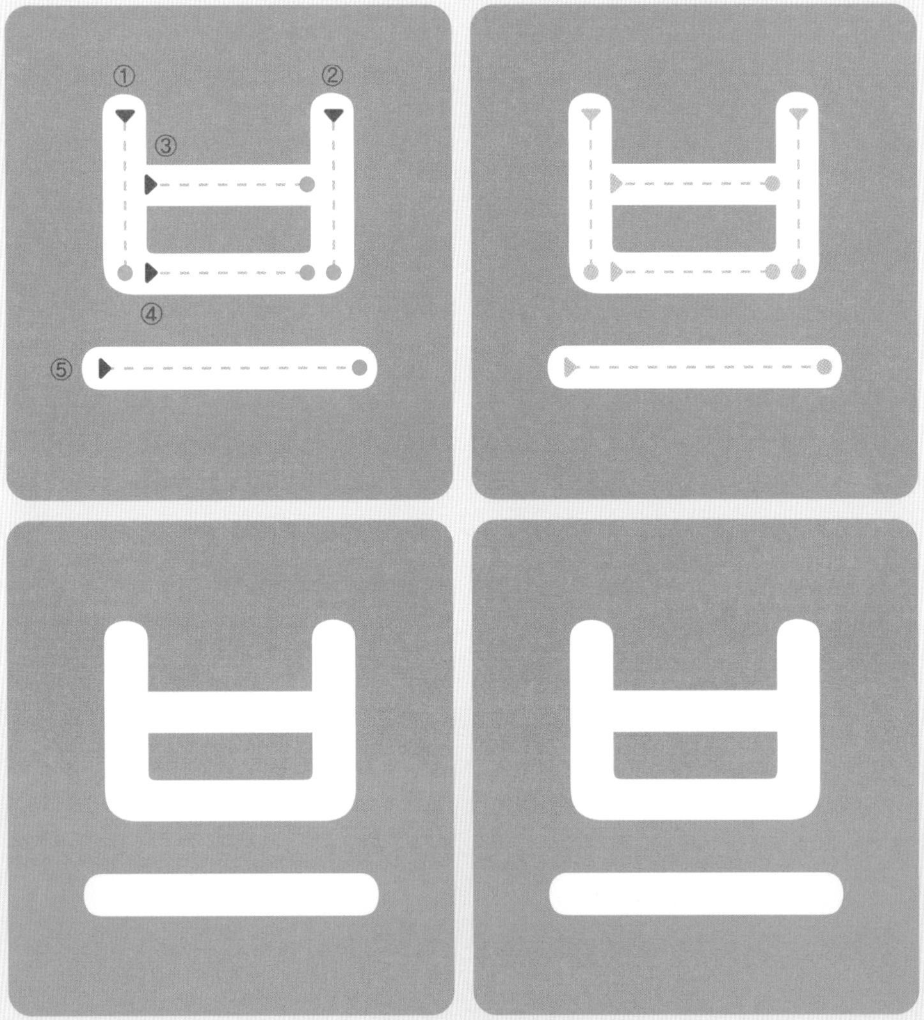

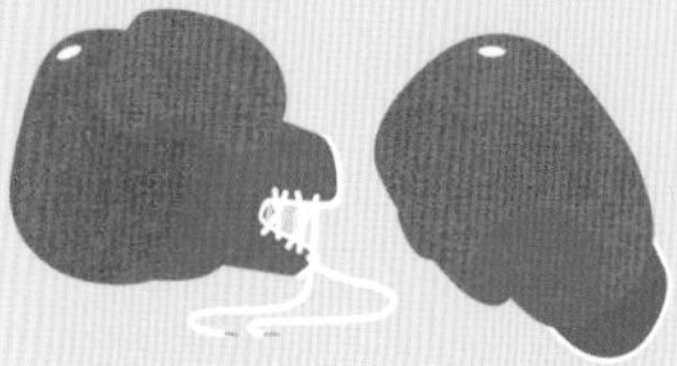

글러 ☐

튜 ☐

☐ 로콜리

'르~브' 익히기

❋ 그림의 이름을 말하고, 이름에 들어 있는 낱자에 ○하세요.

가르마

그 스 르 브

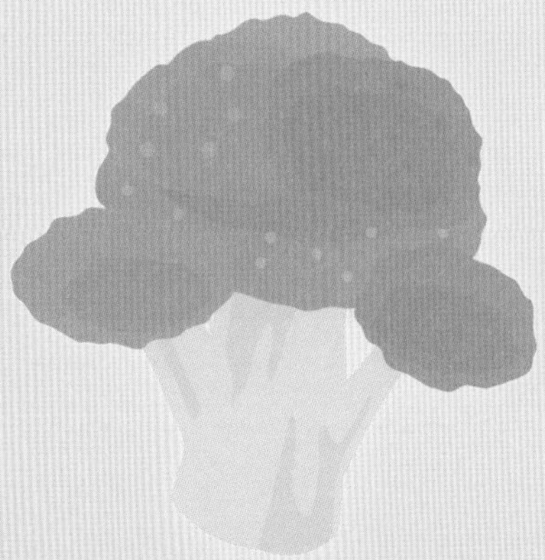

브로콜리

드 브 흐 므

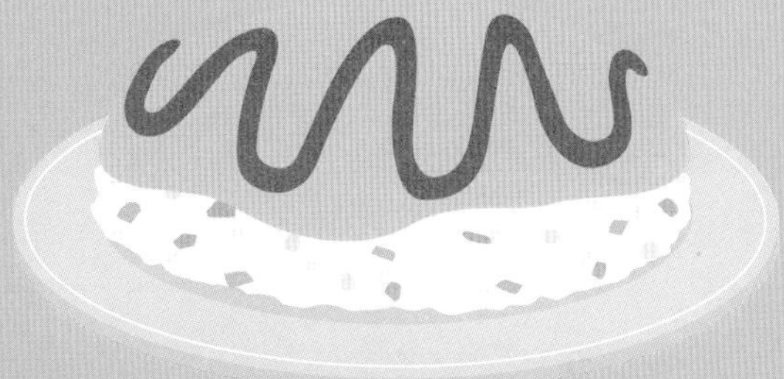

오므라이스

프 크 므 느

'스'를 써 보아요

✻ '스' 를 따라 쓰고, 그림을 보고 이름을 말해 보세요.

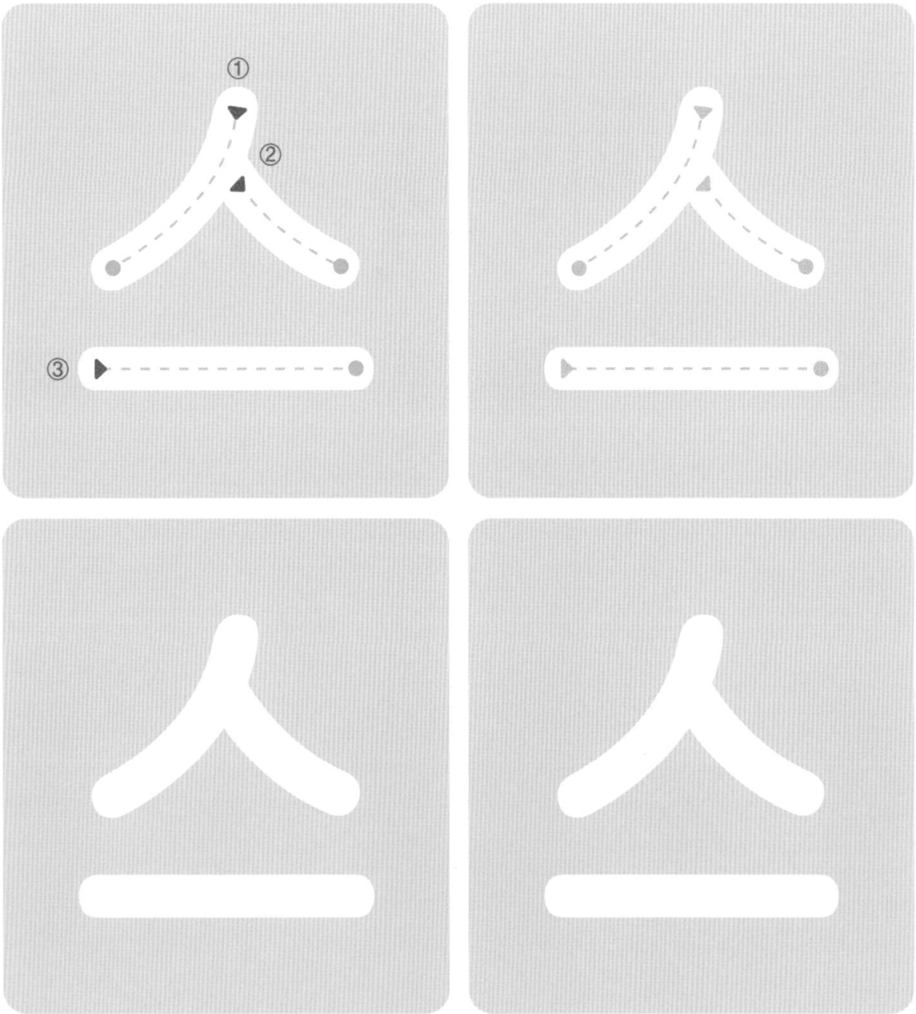

스웨터

스컹크

마스크

'으'를 써 보아요

✻ '으' 를 따라 쓰고, 그림을 보고 이름을 말해 보세요.

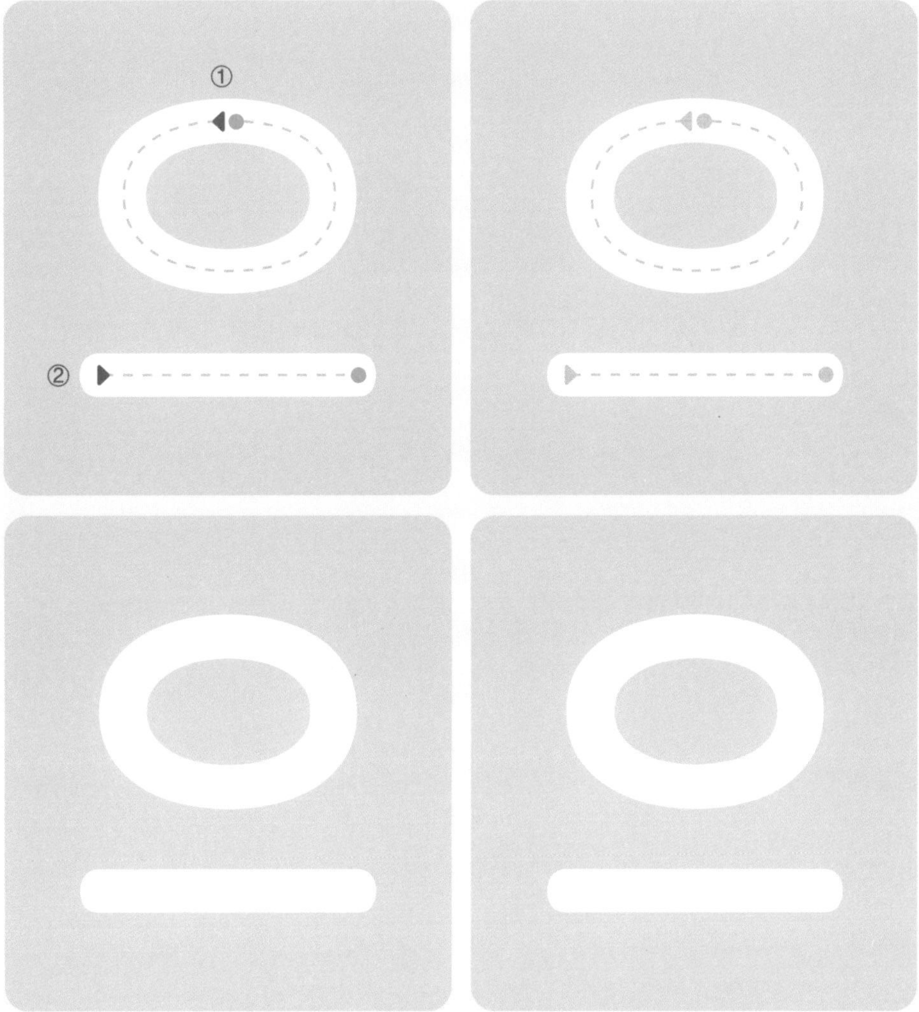

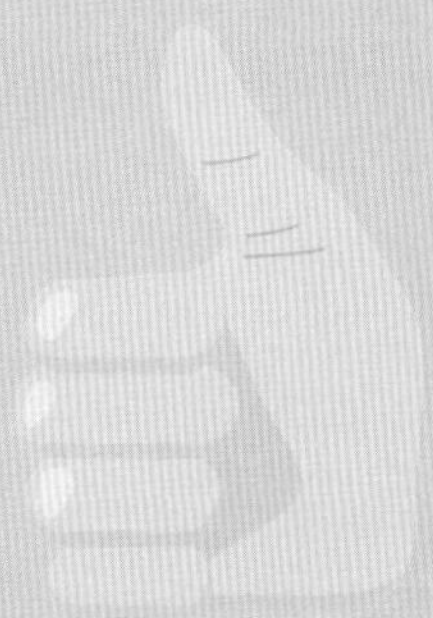

으뜸

으르렁

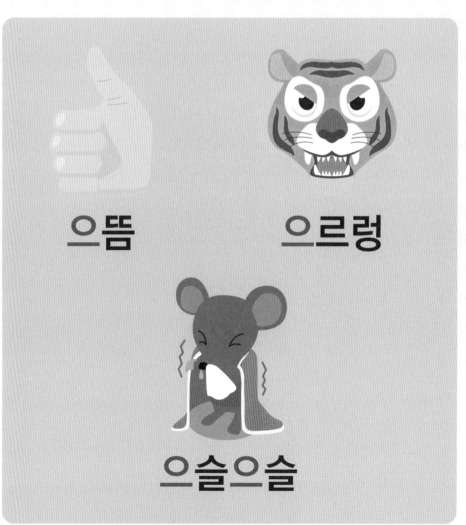

으슬으슬

'즈'를 써 보아요

✱ '즈' 를 따라 쓰고, 그림을 보고 이름을 말해 보세요.

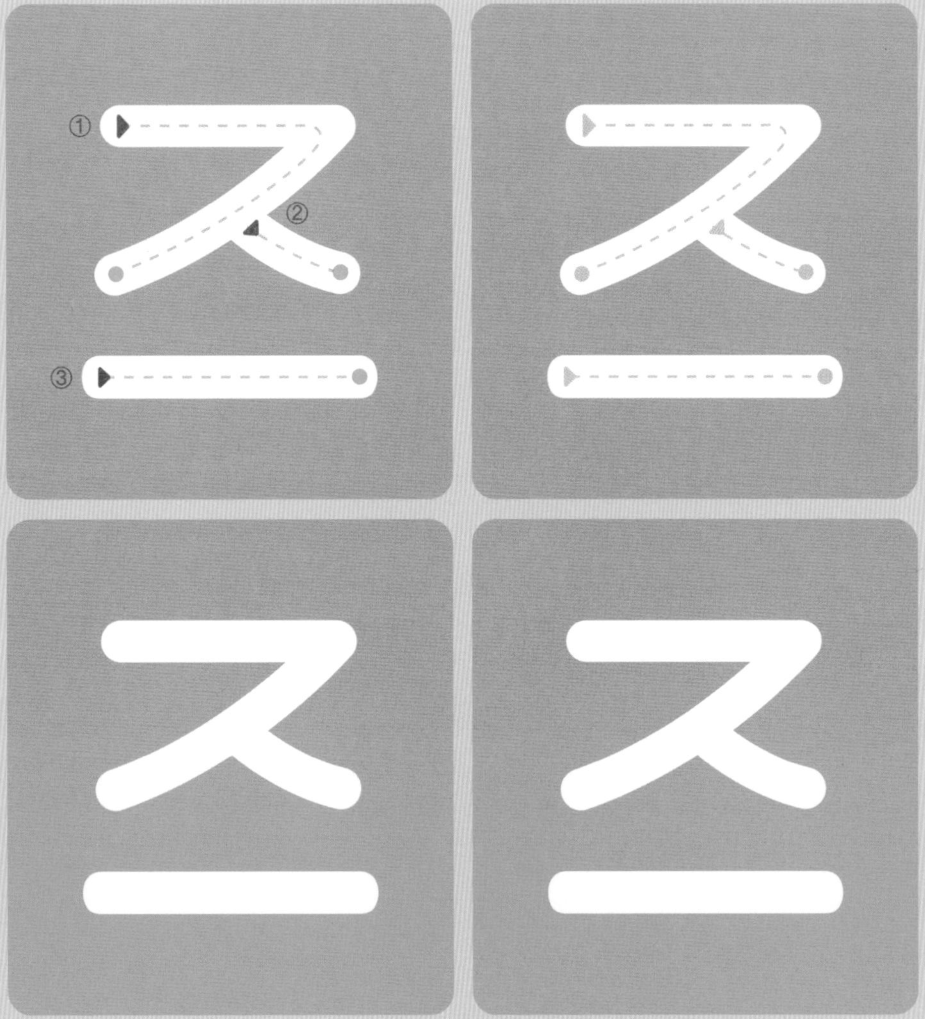

치즈

심벌즈

마요네즈

'스~즈' 익히기

✻ 그림의 이름에 공통으로 들어 있는 낱자를 □ 안에 쓰세요.

스웨터

스컹크

마스크

□

으뜸

으르렁

으슬으슬

□

치즈

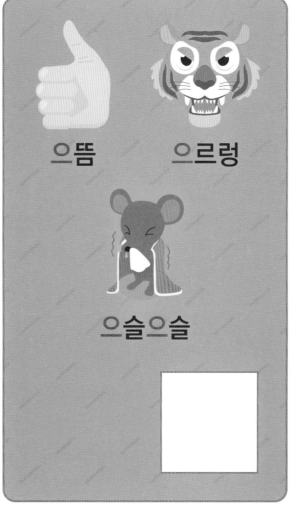

심벌즈

마요네즈

□

'츠'를 써 보아요

✳ '츠' 를 따라 쓰고, 그림을 보고 이름을 말해 보세요.

① ② ③ ④ 츠

츠

츠

츠

티셔츠

부츠

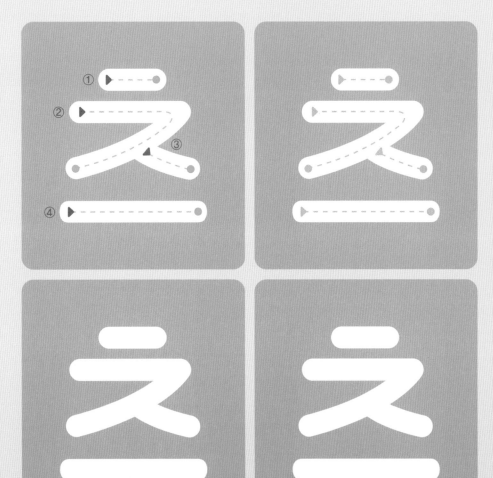

캐스터네츠

'크'를 써 보아요

❋ '크' 를 따라 쓰고, 빈칸에 알맞은 스티커를 붙이세요.

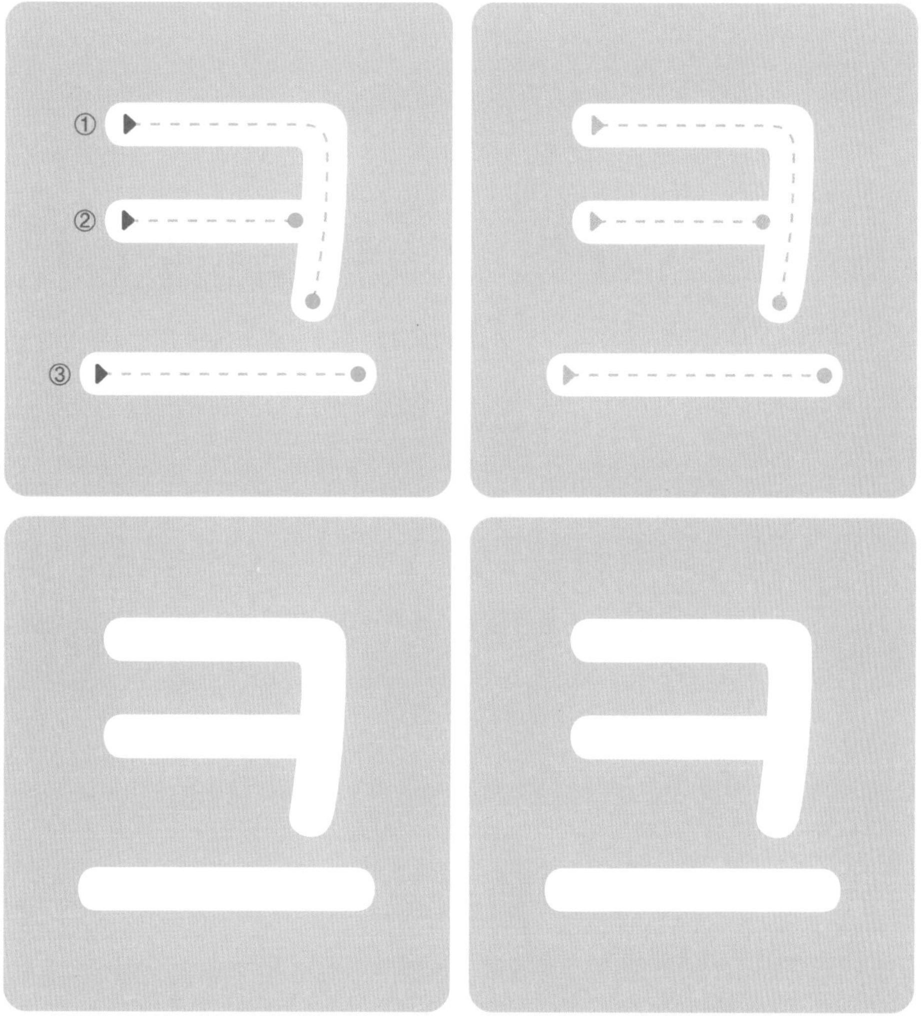

케 이 ☐ 포 ☐

아 이 스 ☐ 림

'트'를 써 보아요

참 잘했어요!

✻ '트' 를 따라 쓰고, 빈칸에 알맞은 스티커를 붙이세요.

① ② ③ ④

트 트 트 트

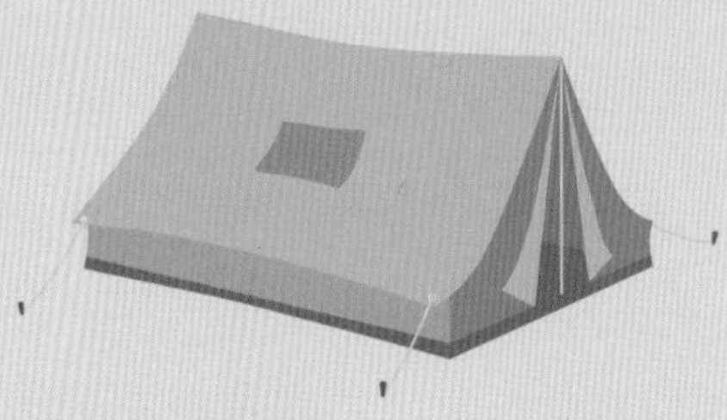

텐 ☐

☐ 럭

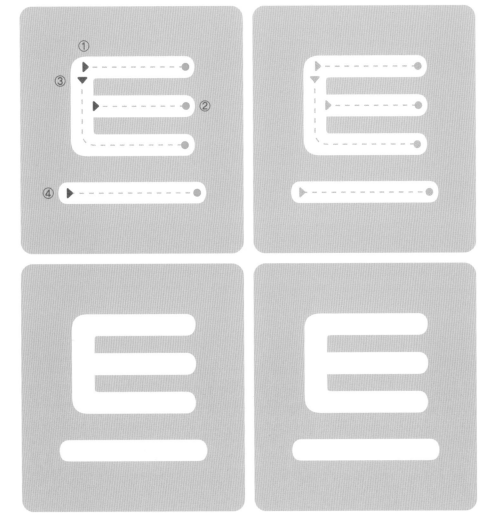

요 구 르 ☐

'츠~트' 익히기

✻ 이름에 글자가 하나씩 없어요. 알맞은 글자를 찾아 선으로 이으세요.

부

포

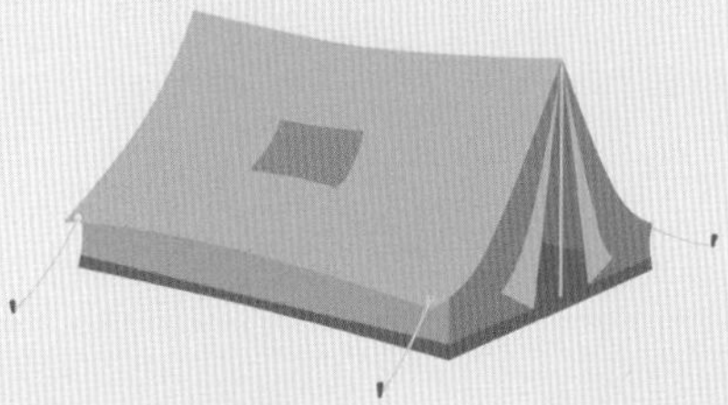

텐

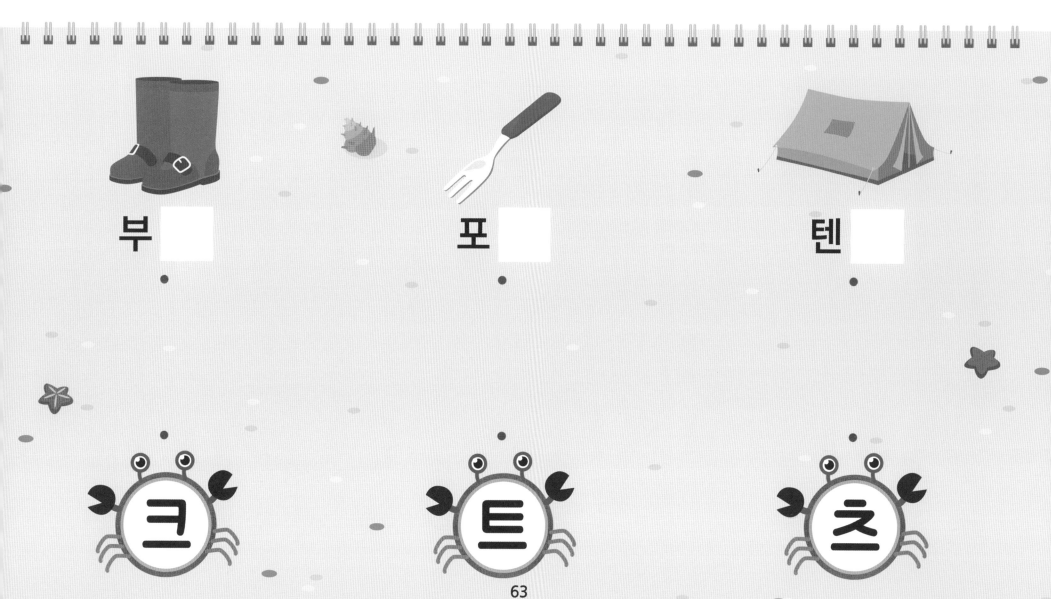

'프'를 써 보아요

✻ '프' 를 따라 쓰고, 빈칸에 알맞은 스티커를 붙이세요.

① ② ③ ④ ⑤

프 프

프 프

스 □

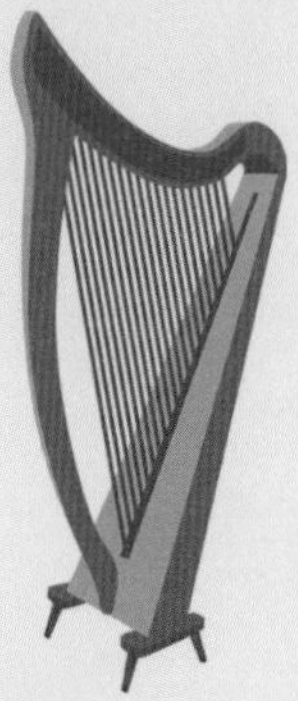

하 □

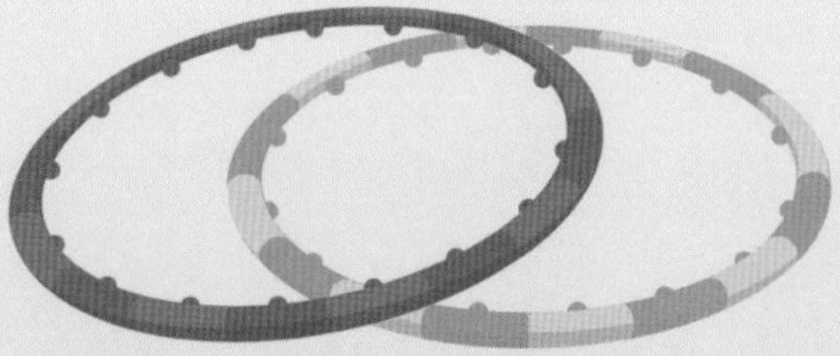

훌 라 후 □

'흐'를 써 보아요

✽ '흐' 를 따라 쓰고, 빈칸에 알맞은 스티커를 붙이세요.

① ② ③ ④ 흐

흐

흐

흐

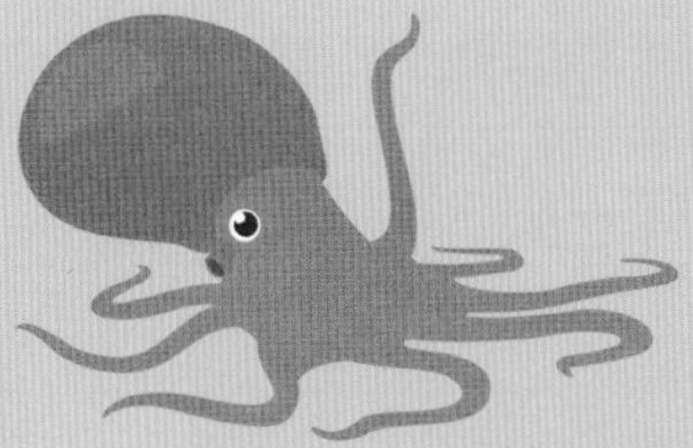

□ 물 흐 물

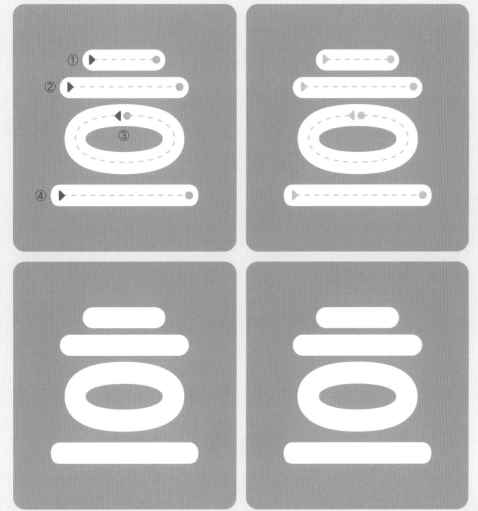

□ 르 다

바 □

'프~흐' 익히기

✻ 그림의 이름을 말하고 같은 낱자가 들어 있는 낱말끼리 선으로 이으세요.

흐물흐물

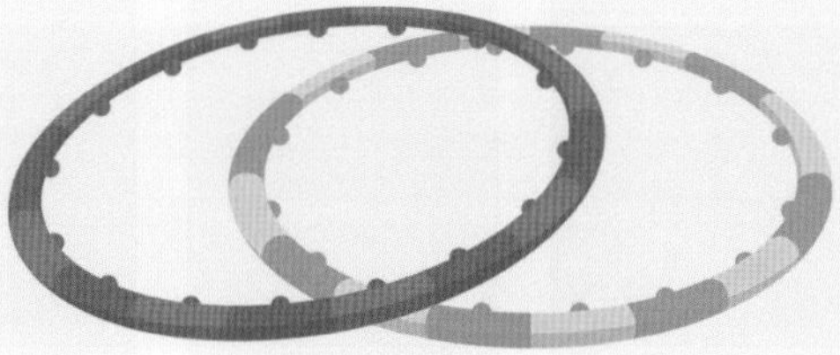

훌라후프

스프

바흐

'그~흐' 익히기

✻ 나비가 학교에 가려고 해요. '그~흐' 까지 순서대로 길을 찾아 가세요.

'그~스' 쓰기

❋ '그~스' 까지 예쁘게 쓰세요.

그	느	드	르	므	브	스
그	느	드	르	므	브	스
그	느	드	르	므	브	스
그	느	드	르	므	브	스

'으~흐' 쓰기

✳ '으~흐' 까지 예쁘게 쓰세요.

으	즈	츠	크	트	프	흐
으	즈	츠	크	트	프	흐
으	즈	츠	크	트	프	흐
으	즈	츠	크	트	프	흐

'기~히' 익히기

✻ 꽃 위에 쓰여진 글자를 읽고, 글자 위에 스티커를 붙이세요.

'기'를 써 보아요

✻ '기' 를 따라 쓰고, 그림을 보고 이름을 말해 보세요.

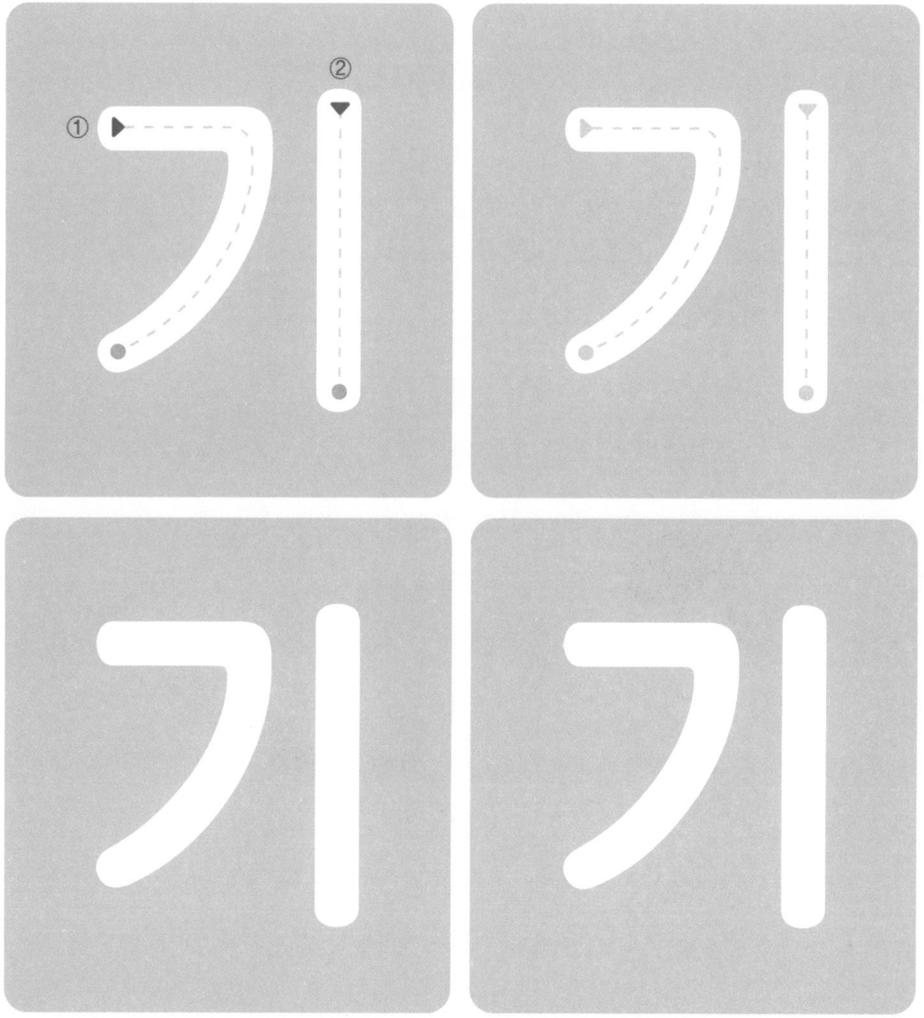

아기

태극기

선풍기

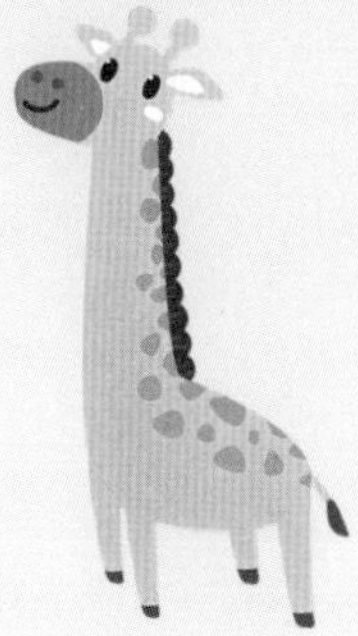
기린

'니'를 써 보아요

❋ '니' 를 따라 쓰고, 그림을 보고 이름을 말해 보세요.

① ②

니 니

니 니

바구니

할머니

아주머니

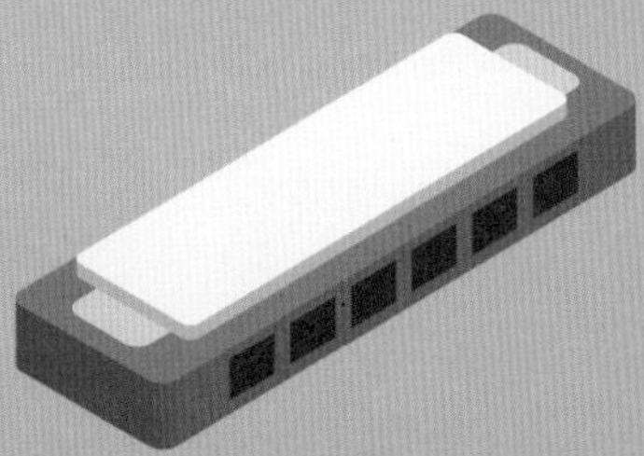

하모니카

'디'를 써 보아요

참 잘했어요!

✻ '디' 를 따라 쓰고, 빈칸에 알맞은 스티커를 붙이세요.

① ② ③

디 디

디 디

인 ☐ 언

라 ☐ 오

아 코 ☐ 언

'기~디' 익히기

✻ 같은 낱자가 들어 있는 것끼리 선으로 이으세요.

아기

바구니

아코디언

인디언

할머니

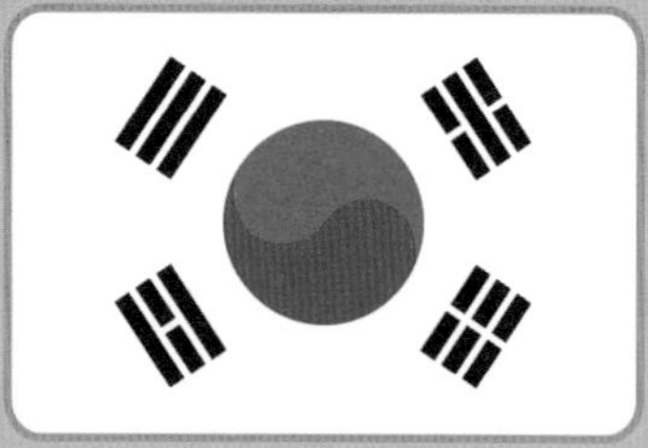

태극기

'리'를 써 보아요

✻ '리' 를 따라 쓰고, 빈칸에 알맞은 스티커를 붙이세요.

① ② ③ ④ 리

리

리

리

□ 본

개 나 □

도 토 □

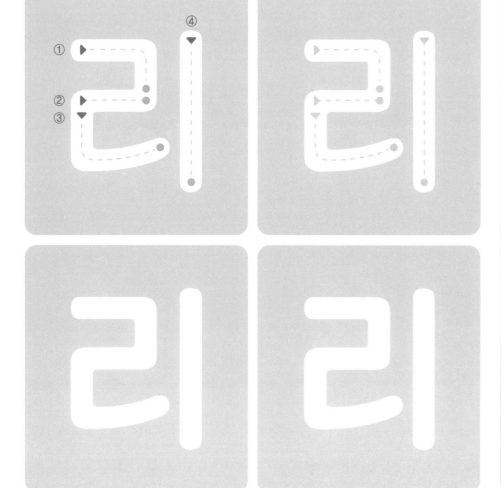

다 □ 미

'미'를 써 보아요

✽ '미' 를 따라 쓰고, 빈칸에 알맞은 스티커를 붙이세요.

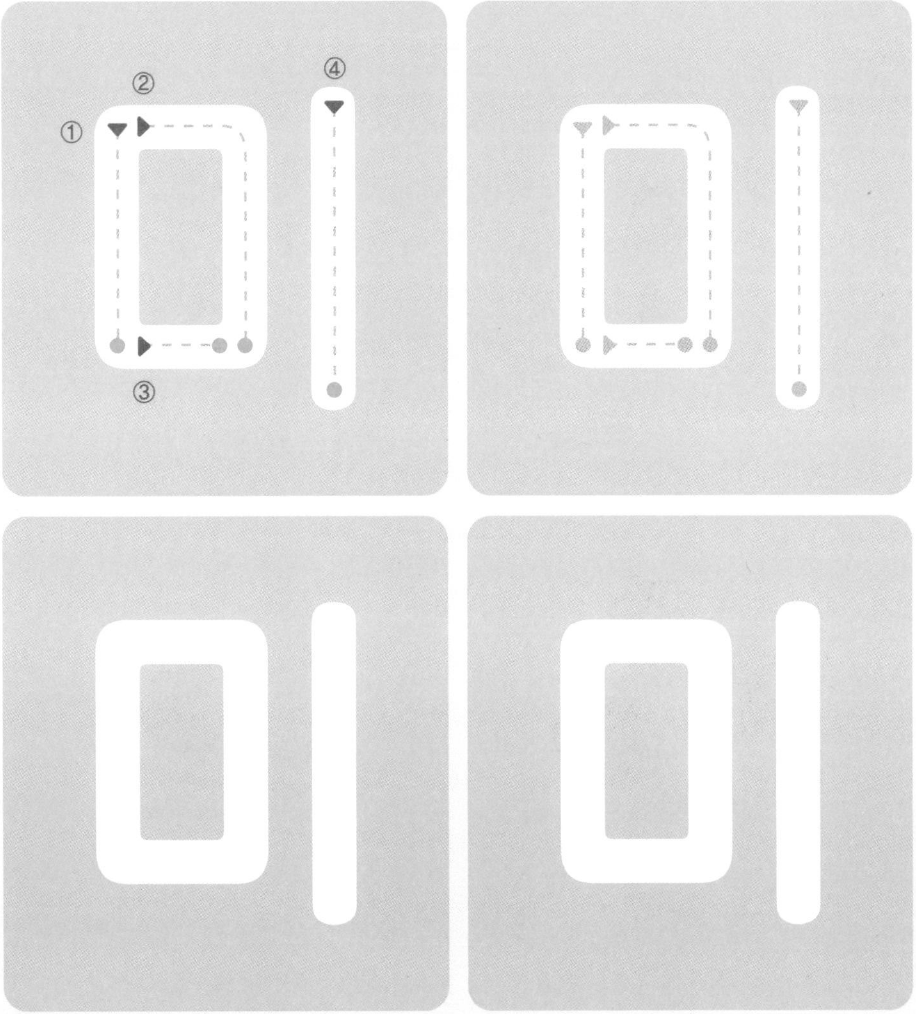

□ 역

거 □

개 □

□ 끄 럼 틀

'비'를 써 보아요

✽ '비' 를 따라 쓰고, 빈칸에 알맞은 스티커를 붙이세요.

①②③④⑤

비 비

비 비

□ 행 기

□ 닐

허 수 아 □

'리~비' 익히기

❋ '리', '미', '비' 가 쓰여진 요정을 찾아 모자를 주어진 색으로 색칠하세요.

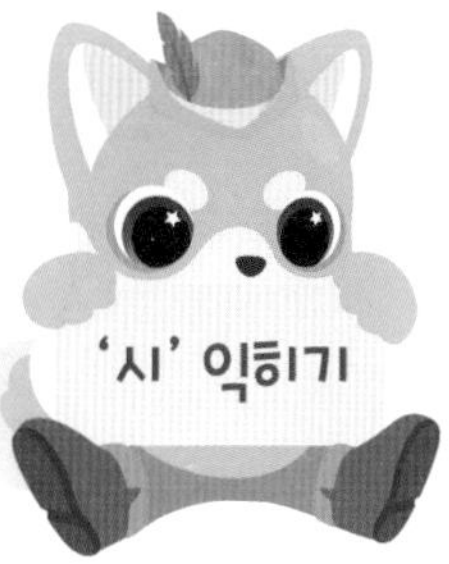
'시' 익히기

'시'를 써 보아요

✻ '시' 를 따라 쓰고, 빈칸에 알맞은 스티커를 붙이세요.

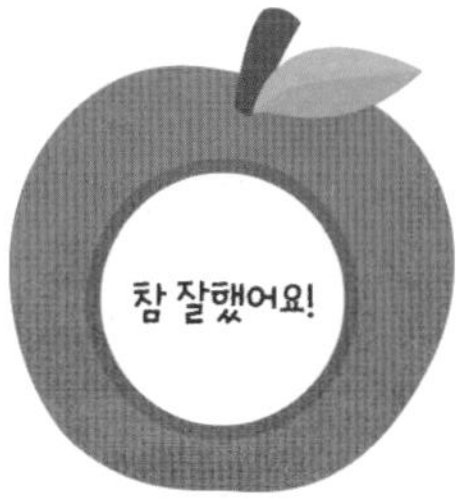
참 잘했어요!

① ② ③ 시

시

시

시

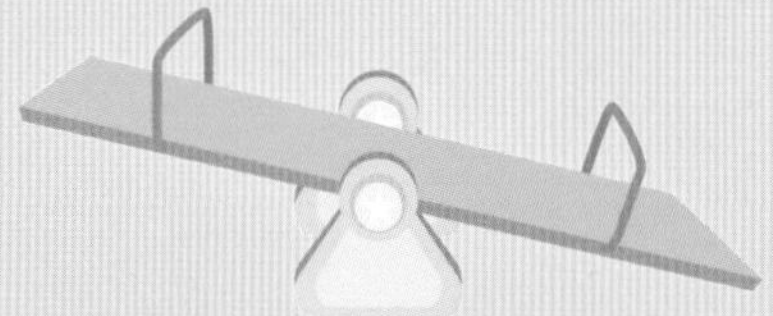

☐ 소

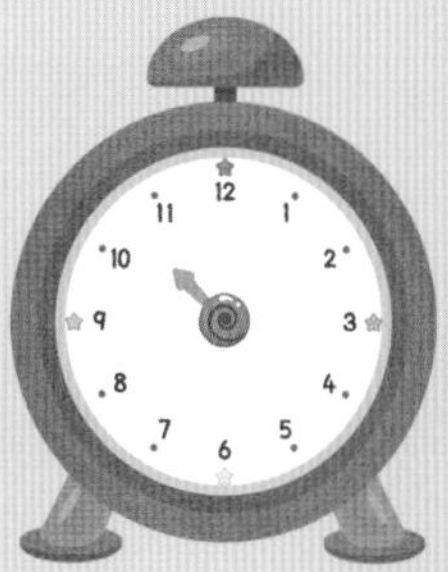

☐ 계

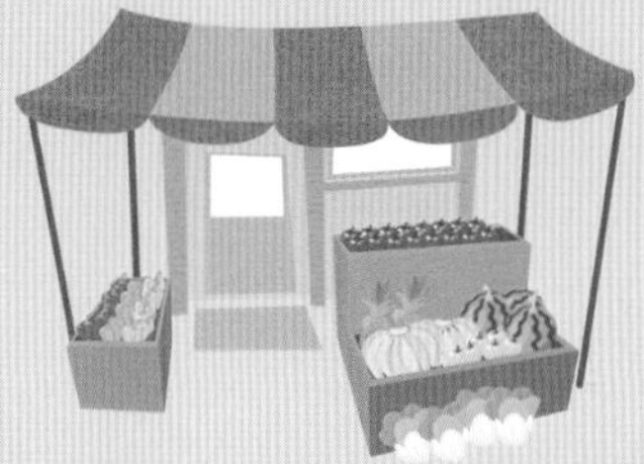

☐ 장

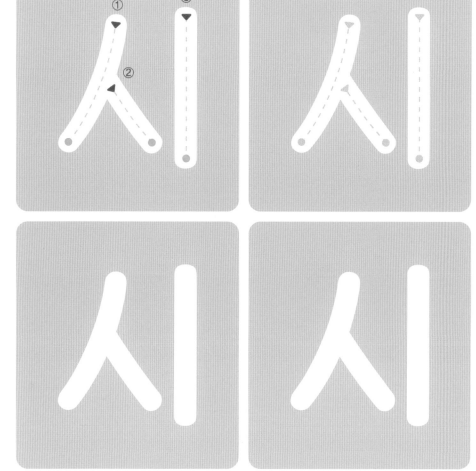

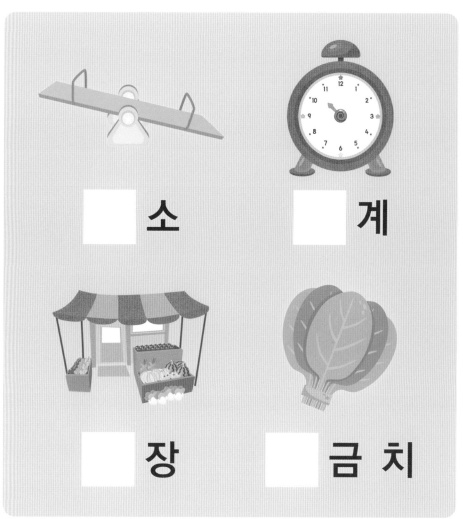

☐ 금 치

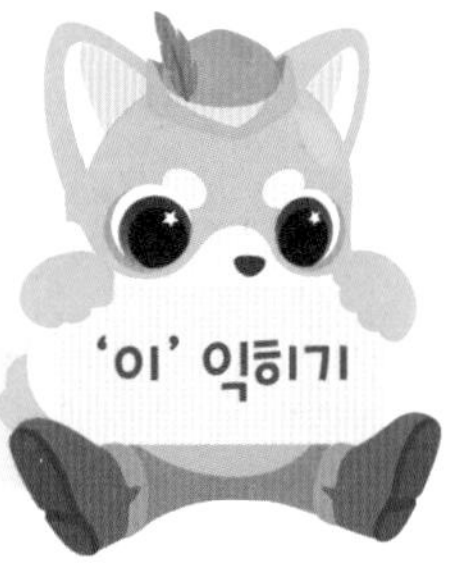
'이' 익히기

'이'를 써 보아요

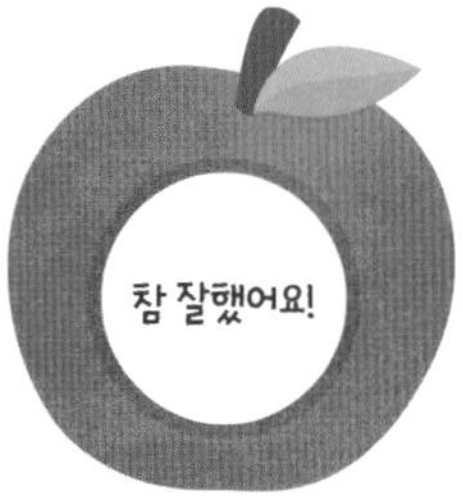
참 잘했어요!

❋ '이' 를 따라 쓰고, 흐린 글자 위를 따라 써 보세요.

① ②

이 이

이 이

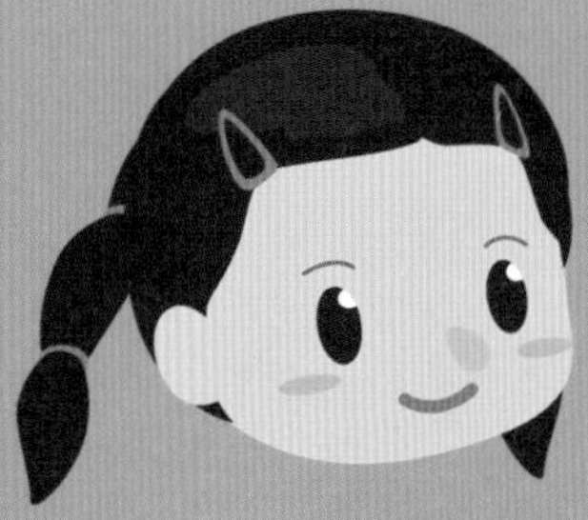

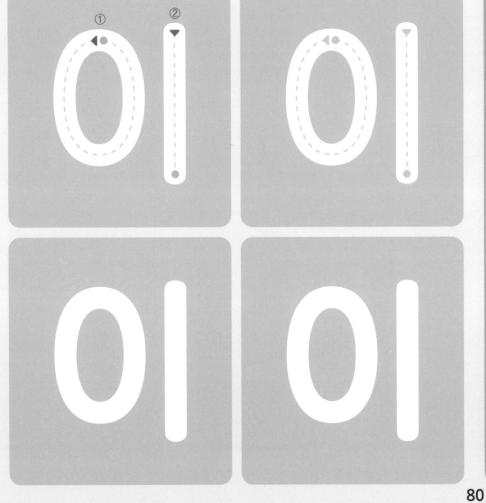

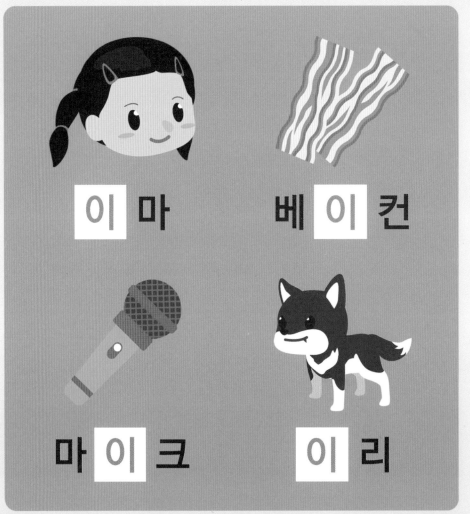

이 마

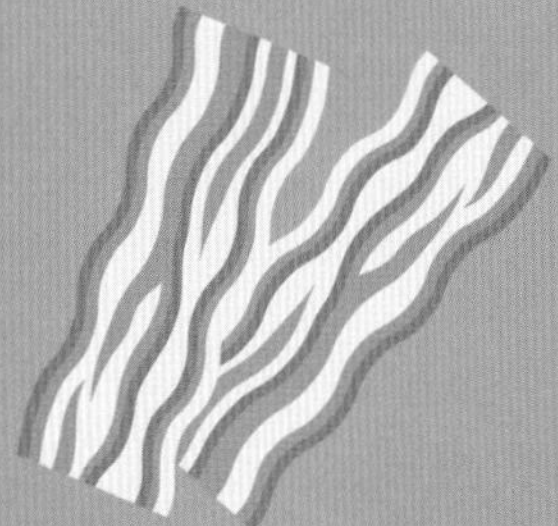

베 이 컨

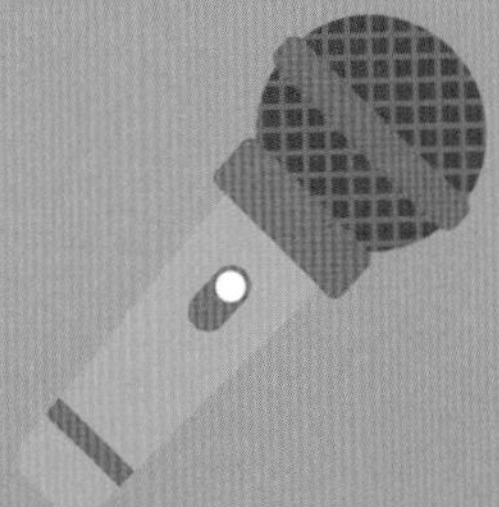

마 이 크

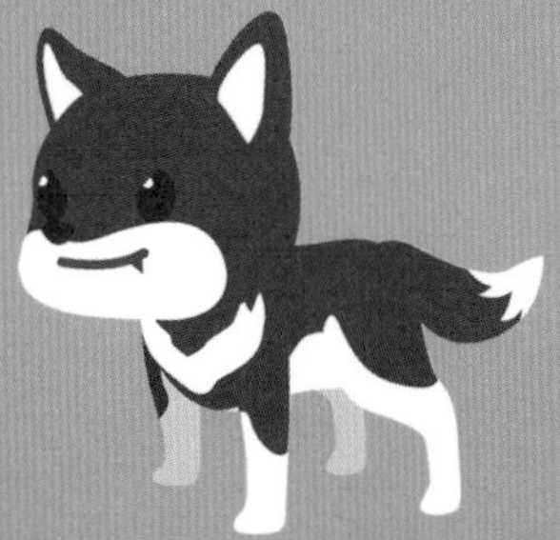

이 리

'지' 익히기

'지'를 써 보아요

참 잘했어요!

❋ '지' 를 따라 쓰고, 그림을 보고 이름을 말해 보세요.

① ② ③

지 지

지 지

반지

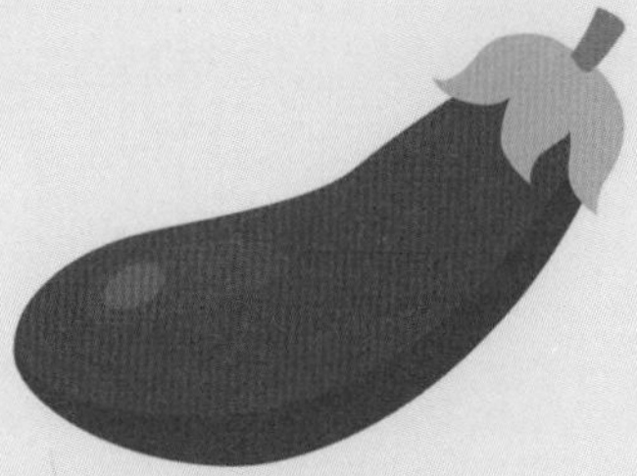

가지

지우개

돼지

'시~지' 익히기

'시~지' 익히기

참 잘했어요!

✻ 그림의 이름에 공통으로 들어 있는 낱자를 □ 안에 쓰세요.

시계

시소

시금치

□

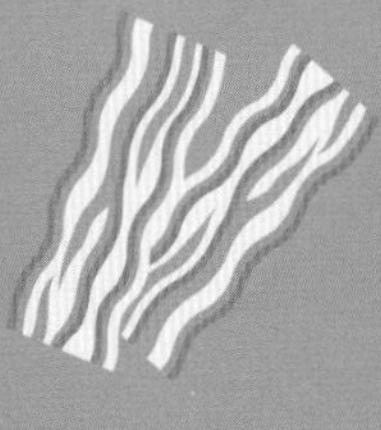

베이컨

이리

마이크

□

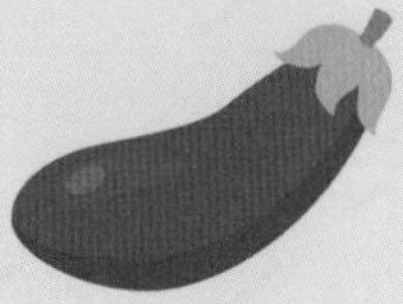

가지

돼지

지우개

□

'치'를 써 보아요

* '치' 를 따라 쓰고, 그림을 보고 이름을 말해 보세요.

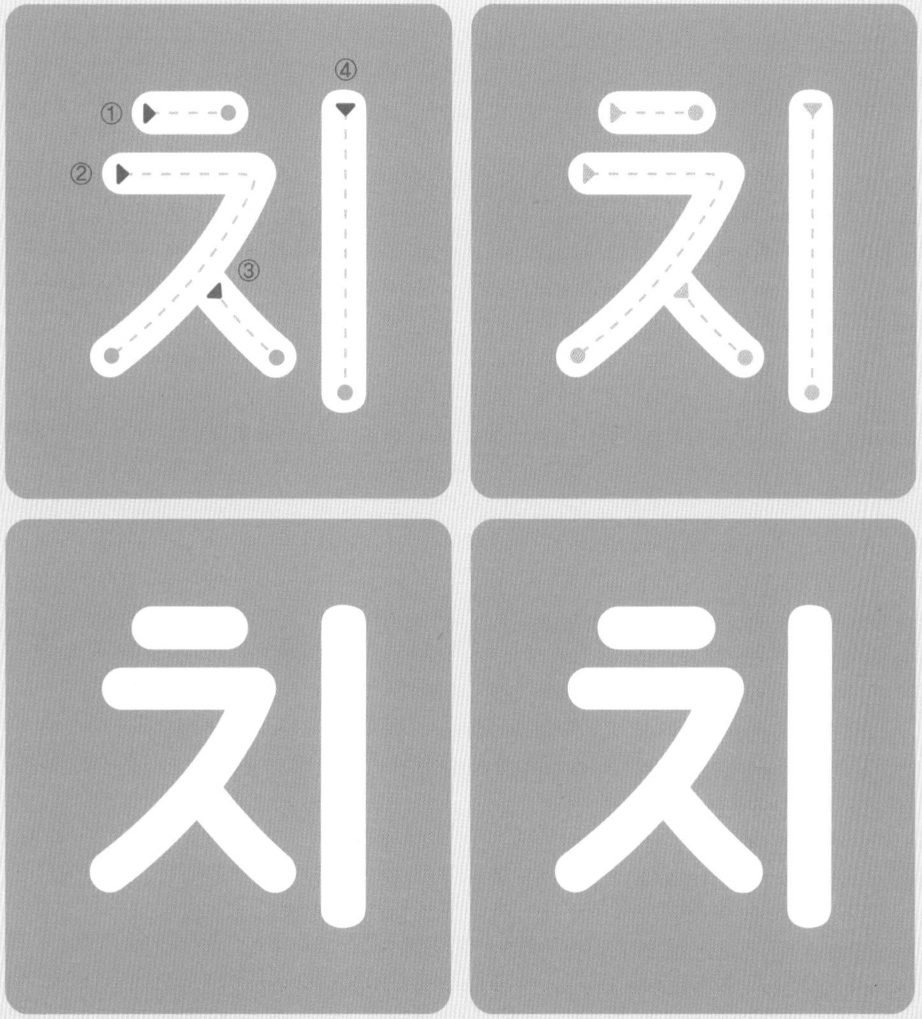

여치

망치

김치

치즈

'키'를 써 보아요

✳ '키'를 따라 쓰고, 그림을 보고 이름을 말해 보세요.

참 잘했어요!

키 키

키 키

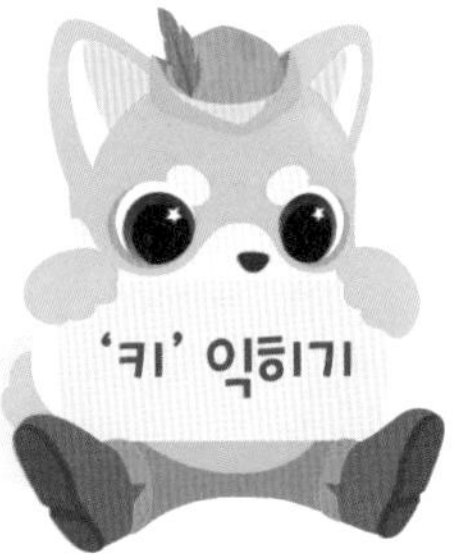

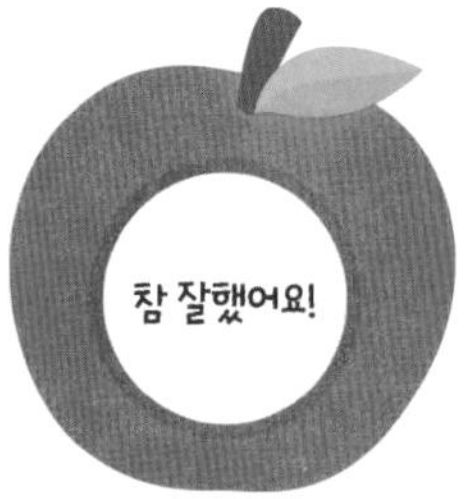

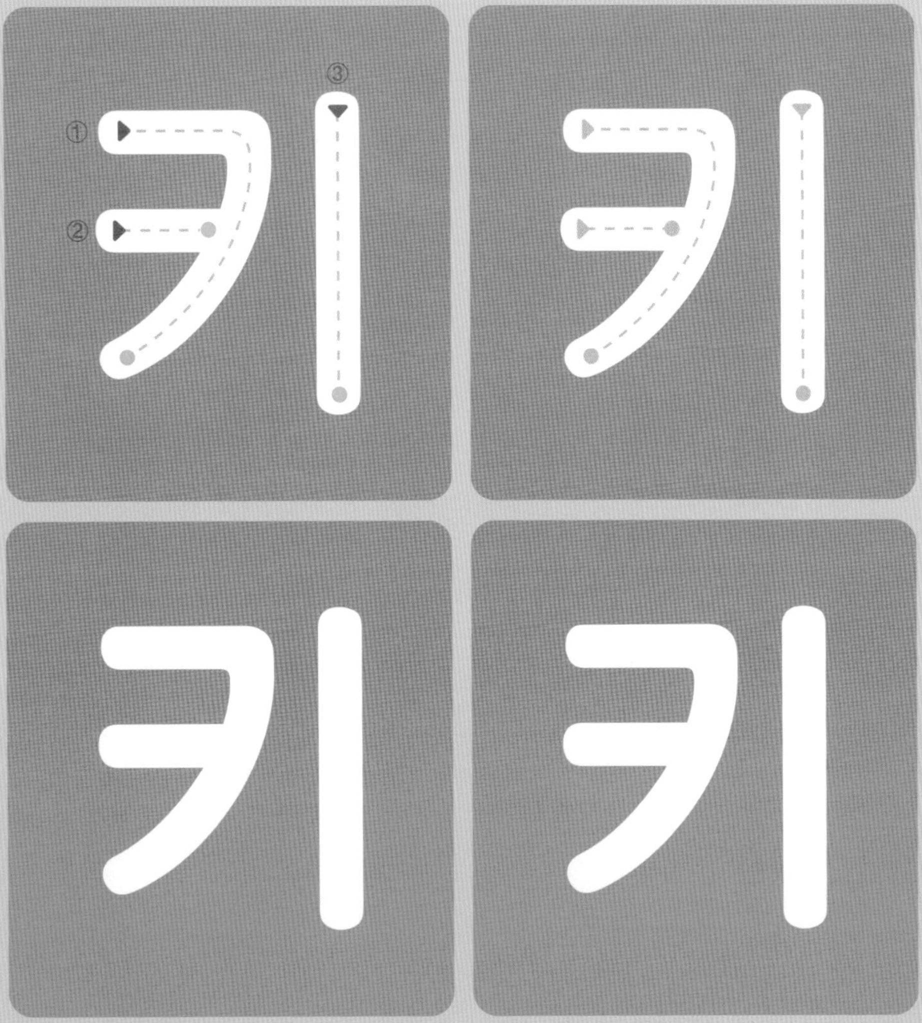

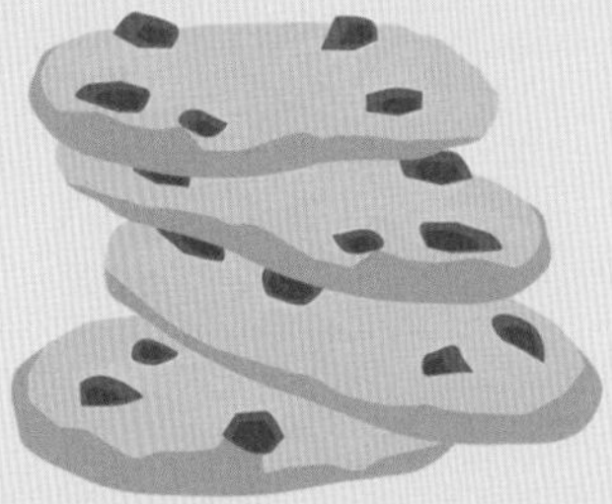

쿠키

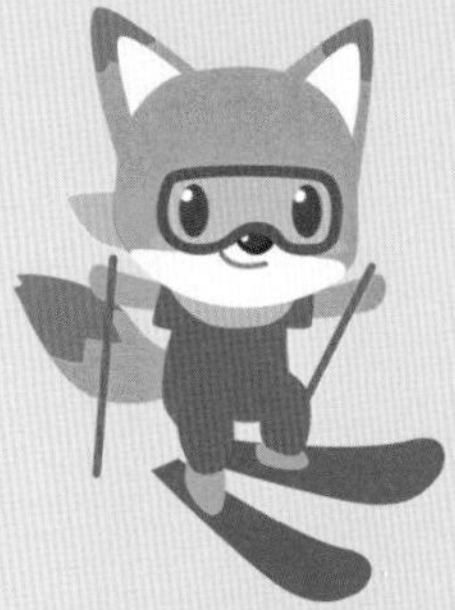

스키

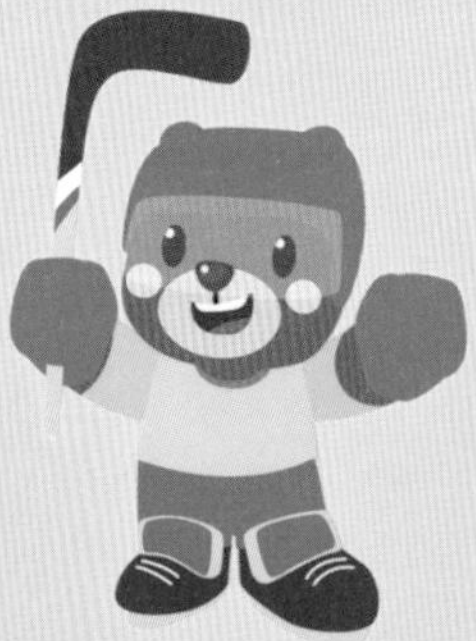

하키

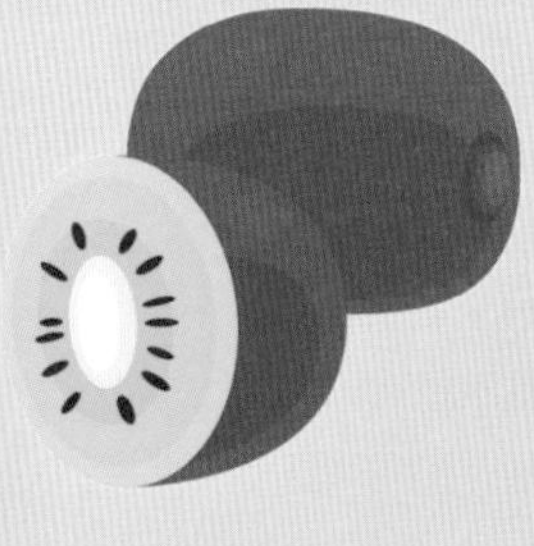

키위

'티' 익히기

'티'를 써 보아요

참 잘했어요!

✻ '티' 를 따라 쓰고, 흐린 글자 위를 따라 써 보세요.

① ② ③ ④

티 티

티 티

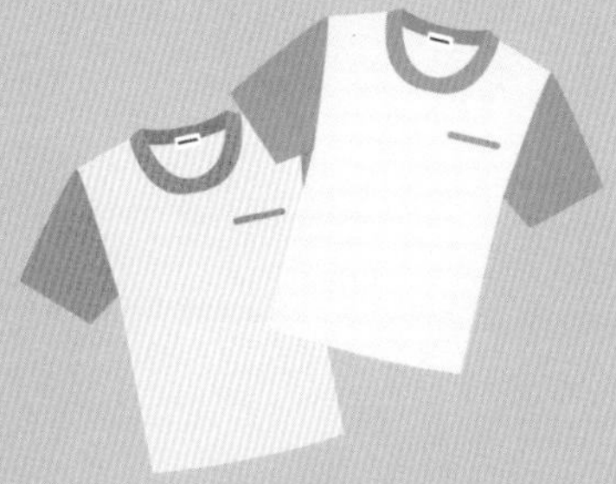

파 티

티 셔 츠

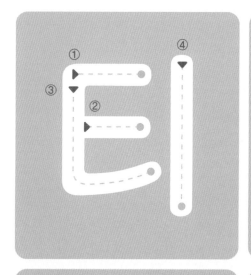

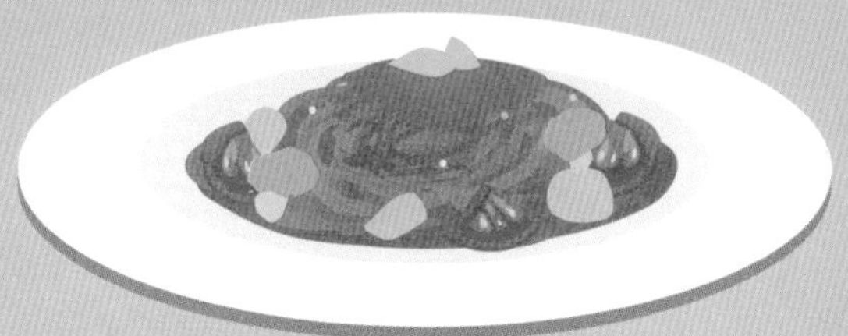

스 파 게 티

'치~티' 익히기

✻ 이름에 글자가 하나씩 없어요. 알맞은 글자를 찾아 선으로 이으세요.

□ 즈

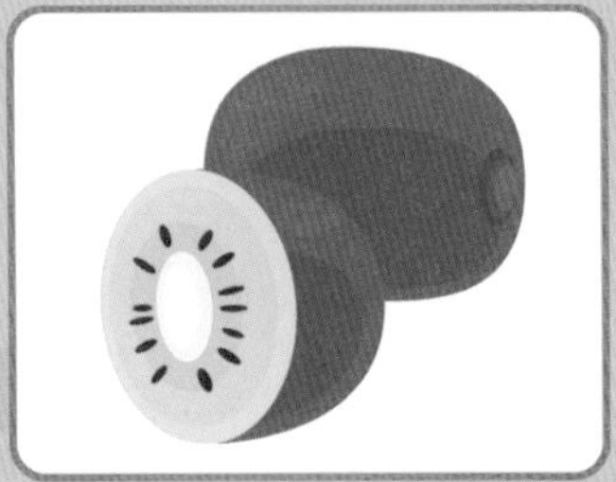

□ 위

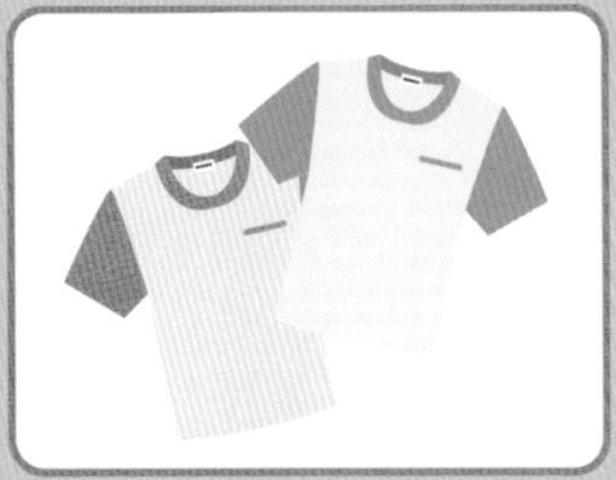

□ 셔 츠

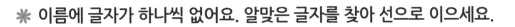

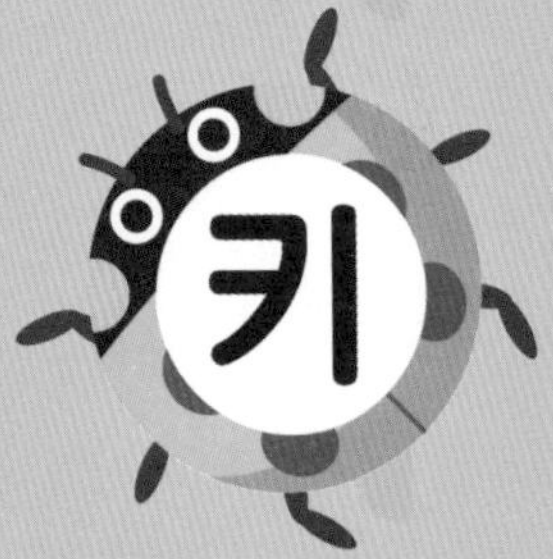

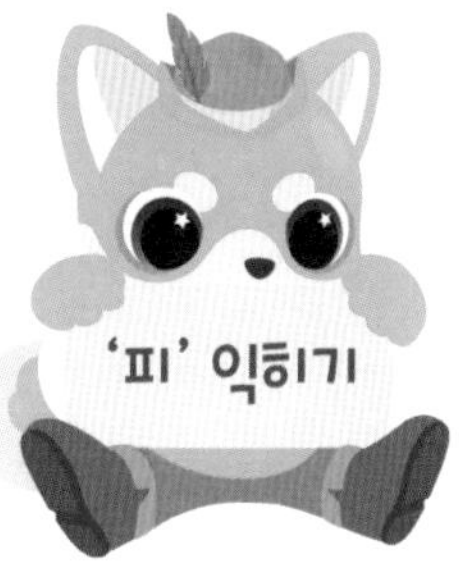
'피' 익히기

'피'를 써 보아요

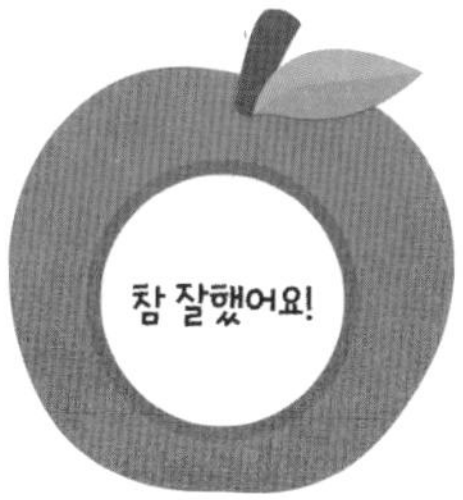
참 잘했어요!

✻ '피' 를 따라 쓰고, 흐린 글자 위를 따라 써 보세요.

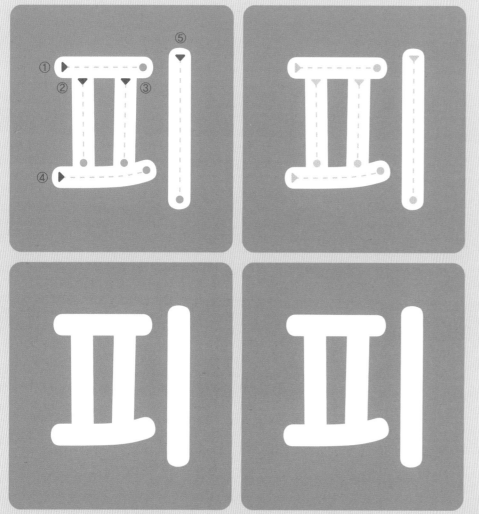

① ② ③ ④ ⑤ 피

피

피

피

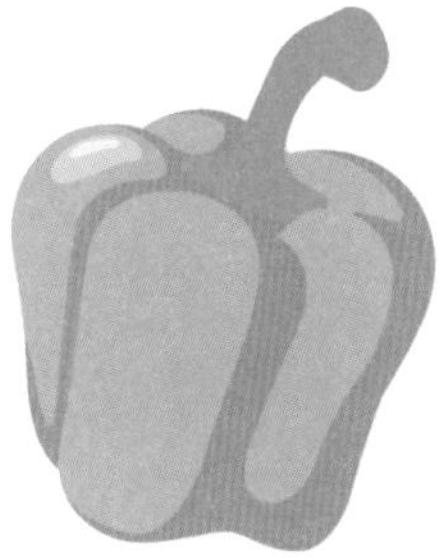

피 망

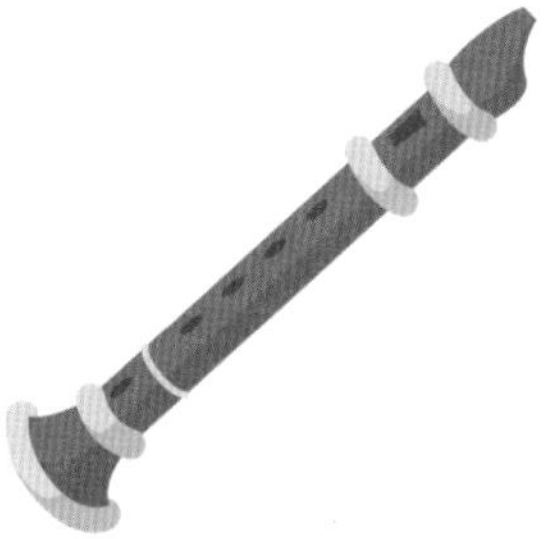

피 리

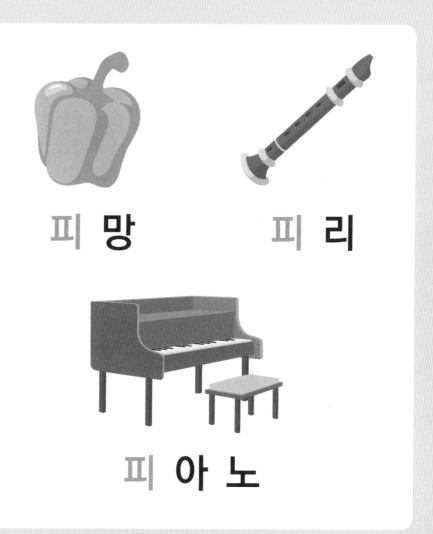

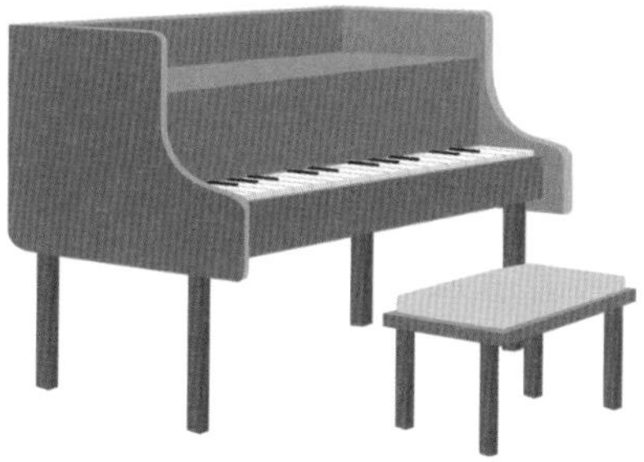

피 아 노

'히' 익히기

'히'를 써 보아요

참 잘했어요!

✻ '히' 를 따라 쓰고, 흐린 글자 위를 따라 써 보세요.

① ② ③ ④ 히

히

히

히

히터

ㅎ

히읗

히아신스

'피~히' 익히기

✻ 그림의 이름에 들어갈 알맞은 낱자에 ○하세요.

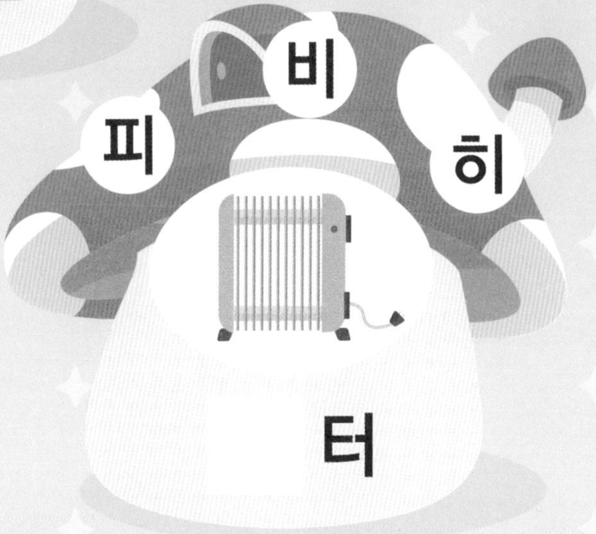

'기~히' 다지기

❋ 쥐돌이가 집에 가려고 해요. '기~히' 까지 순서대로 길을 찾아 가세요.

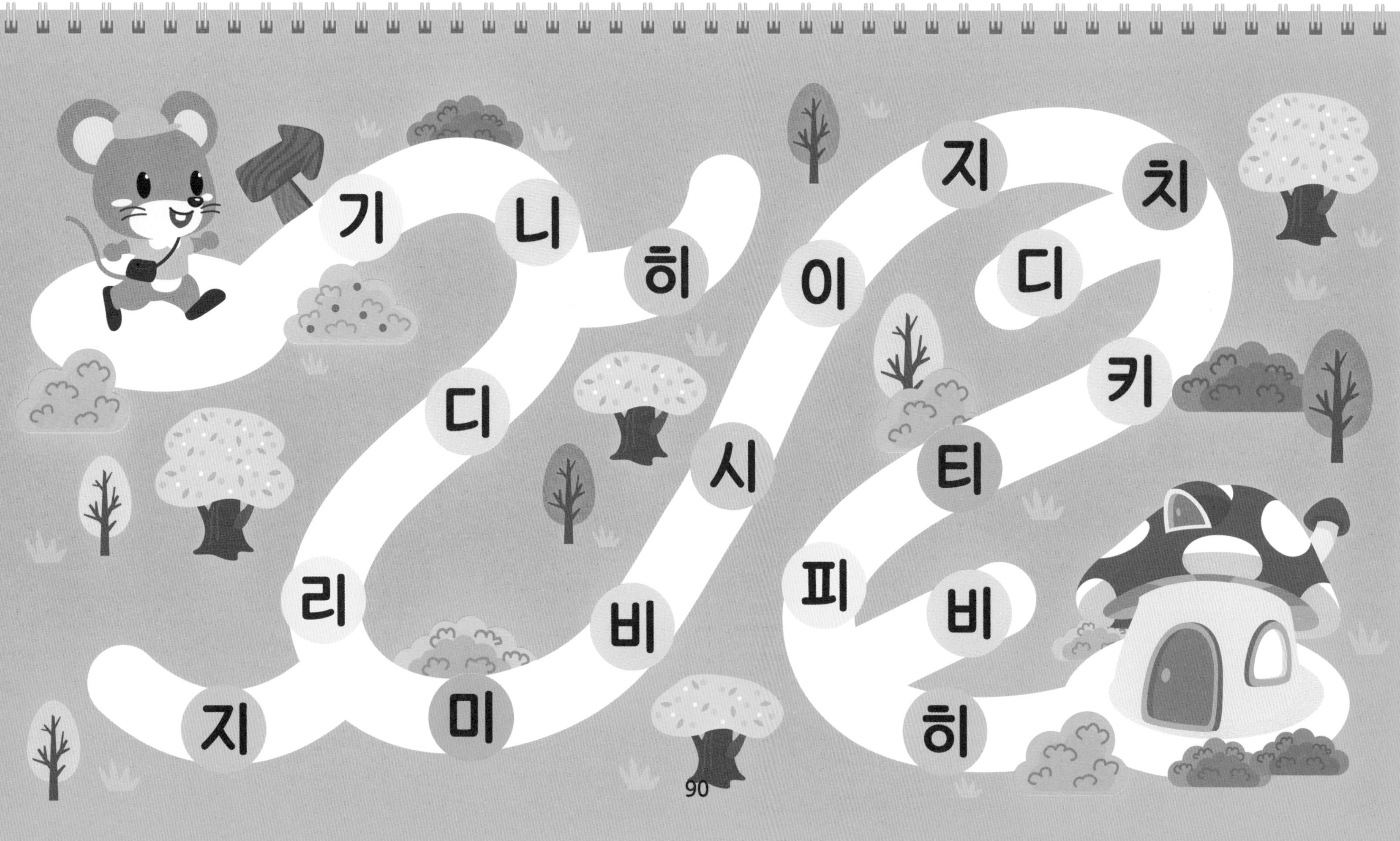

'기~시' 익히기

'기~시' 쓰기

참 잘했어요!

❋ '기~시' 까지 예쁘게 쓰세요.

기	니	디	리	미	비	시
기	니	디	리	미	비	시
기	니	디	리	미	비	시
기	니	디	리	미	비	시

'이~히' 익히기

'이~히' 쓰기

참 잘했어요!

✻ '이~히' 까지 예쁘게 쓰세요.

이	지	치	키	티	피	히
이	지	치	키	티	피	히
이	지	치	키	티	피	히
이	지	치	키	티	피	히

입학 전

한글떼기 5·6세

✻ 1P

✻ 2P

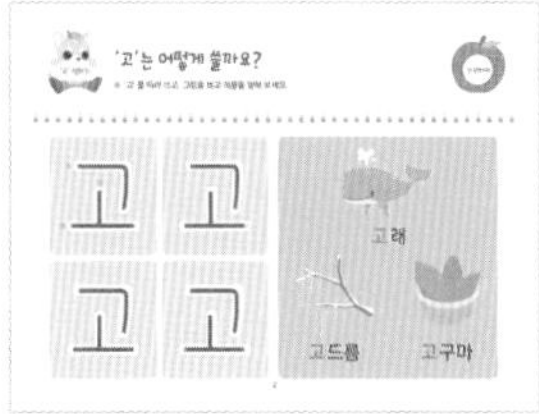

✻ 3P

✻ 4P

✻ 5P

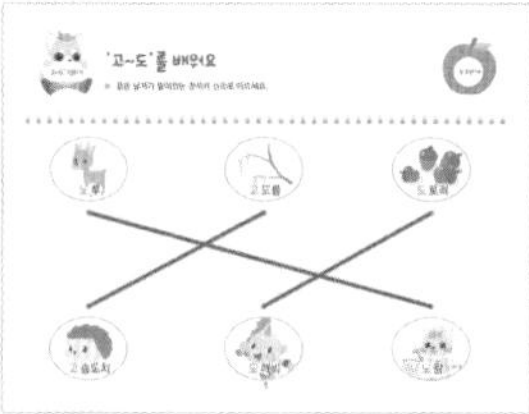

✻ 6P

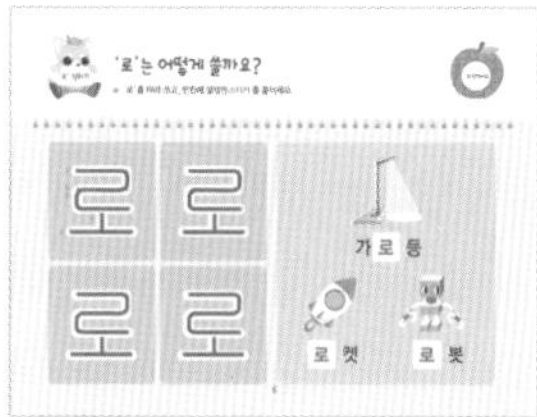

✻ 7P

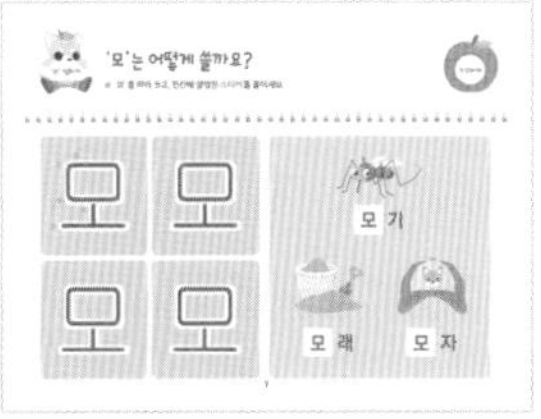

✻ 8P

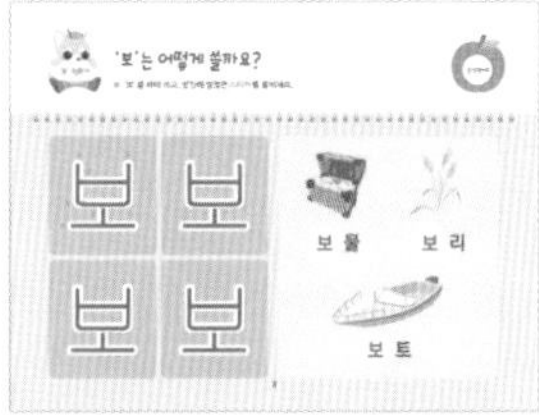

✻ 9P

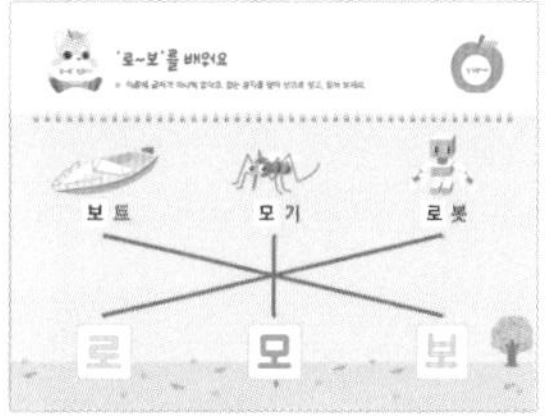

✻ 10P

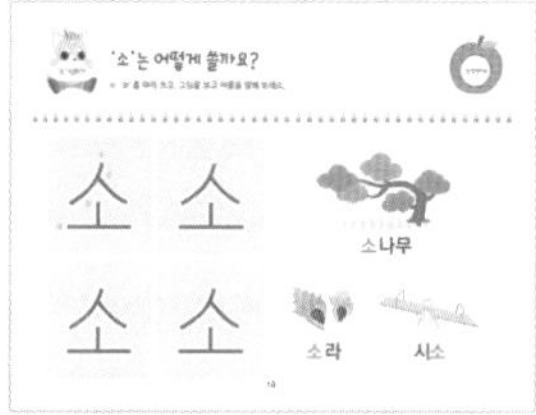

✻ 11P

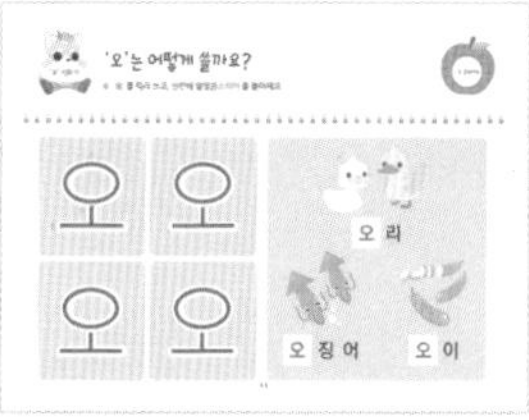

✻ 12P

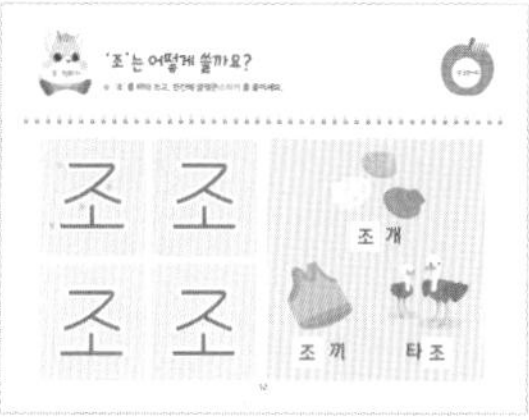

✻ 13P

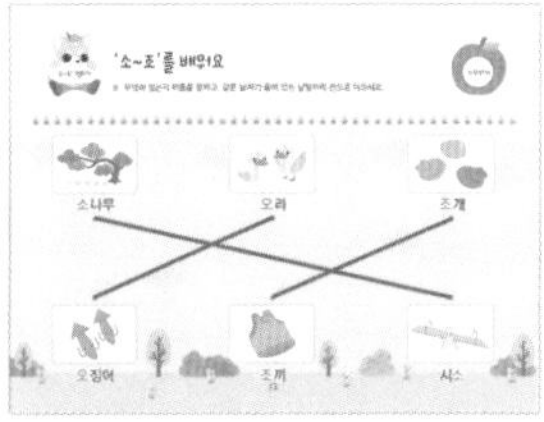

✻ 14P

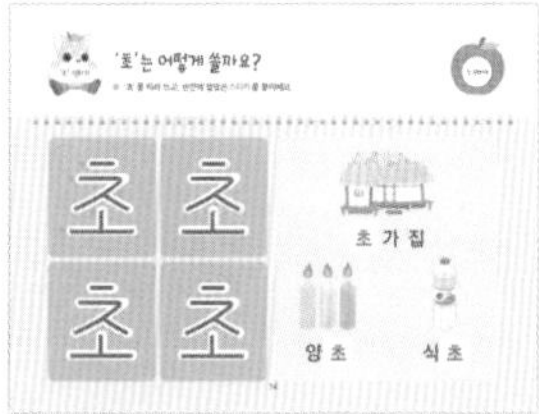

✻ 15P

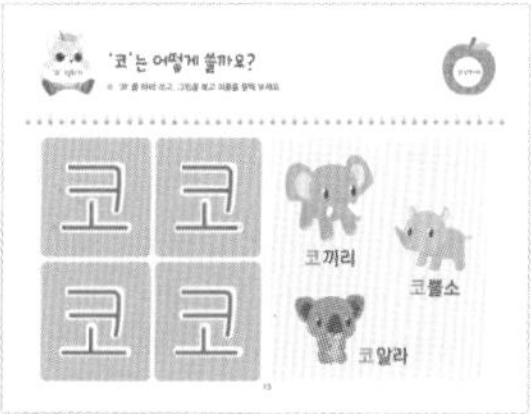

✻ 16P

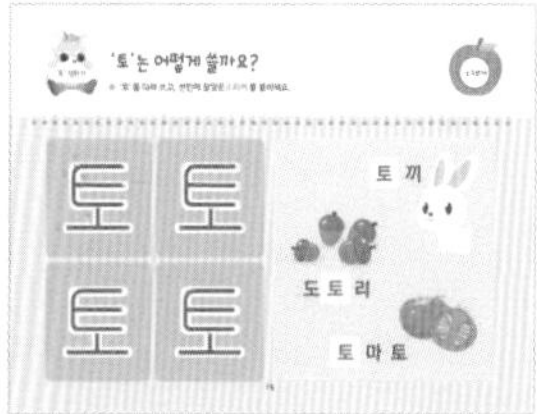

✻ 17P

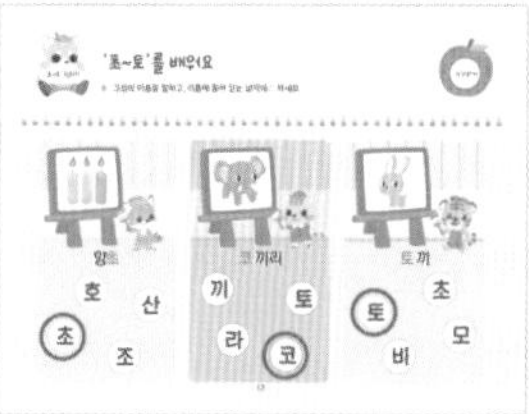

✻ 18P

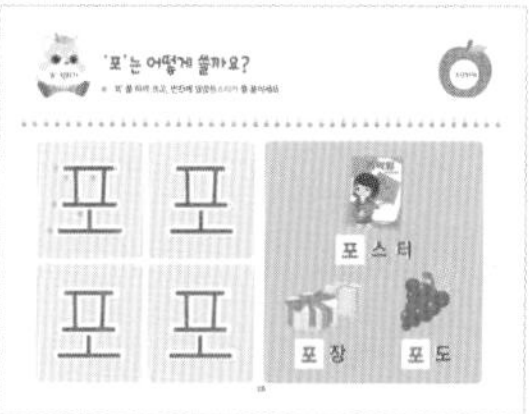

✻ 19P

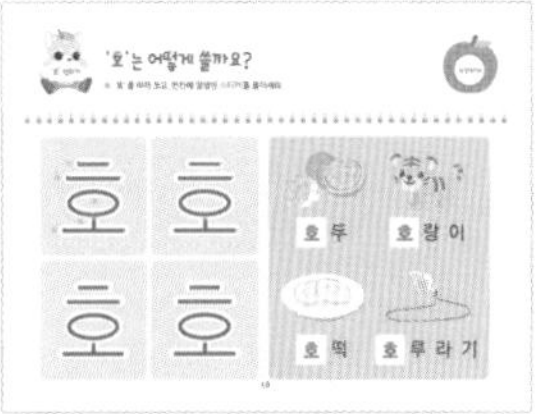

✻ 20P

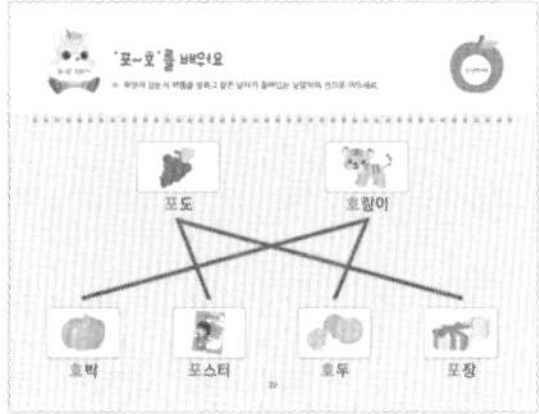

✻ 21P

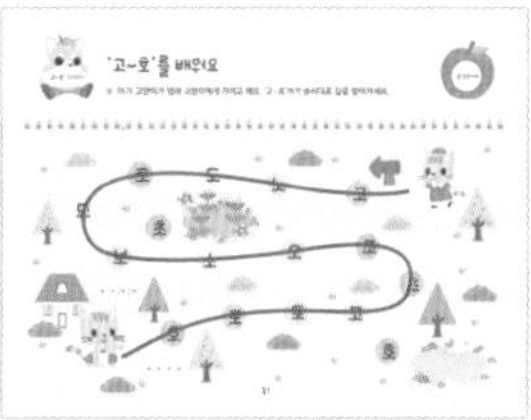

✻ 22P

✻ 23P

✻ 24P

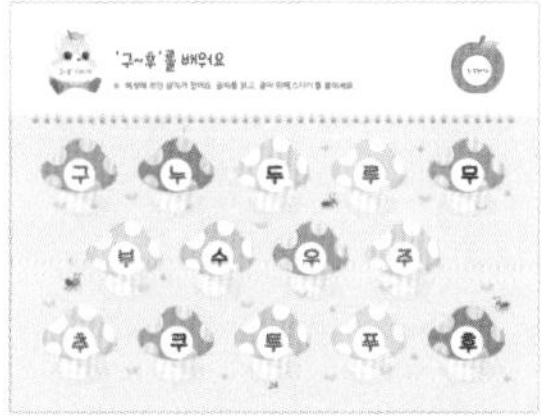

✻ 25P

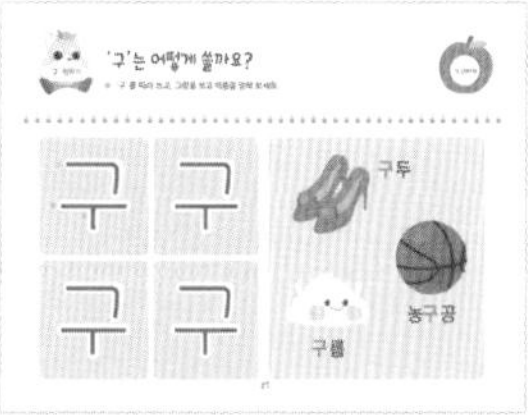

✻ 26P

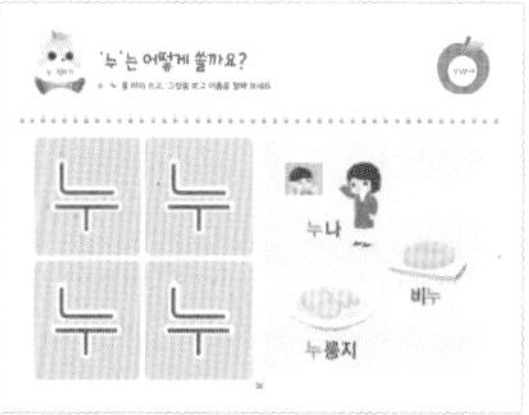

입학 전 **한글떼기** 5·6세

✱ 27P

✱ 28P

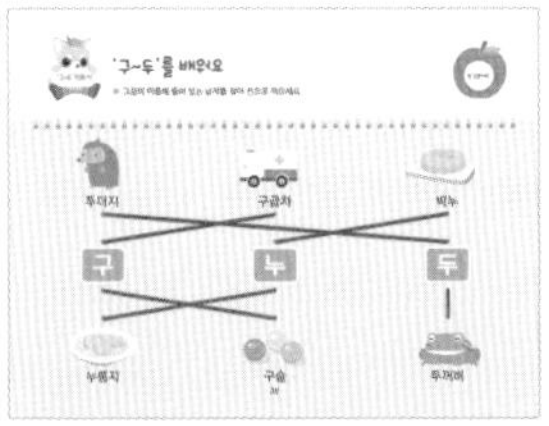

✱ 29P

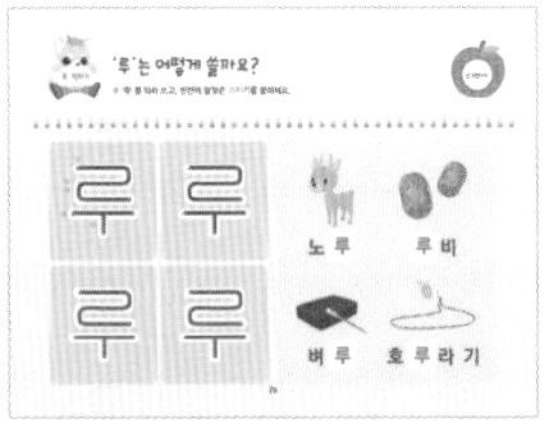

✱ 30P

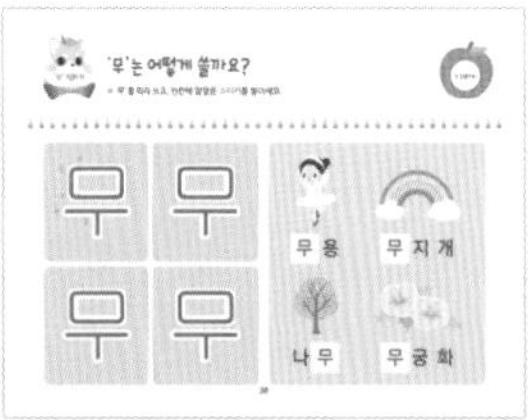

✱ 31P

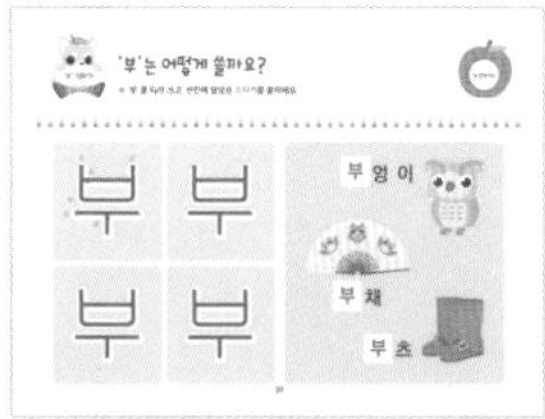

✱ 32P

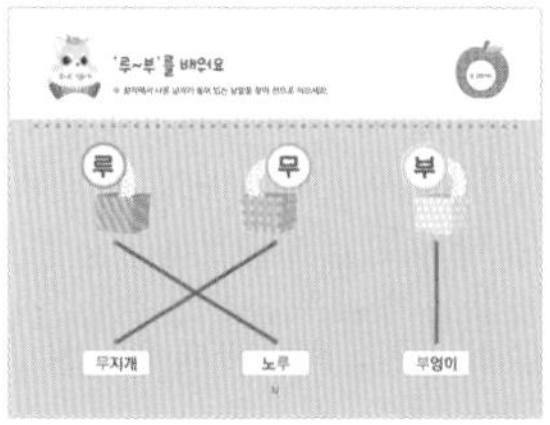

✱ 33P

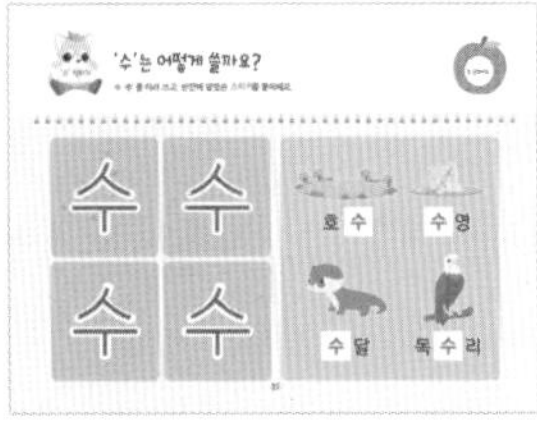

✱ 34P

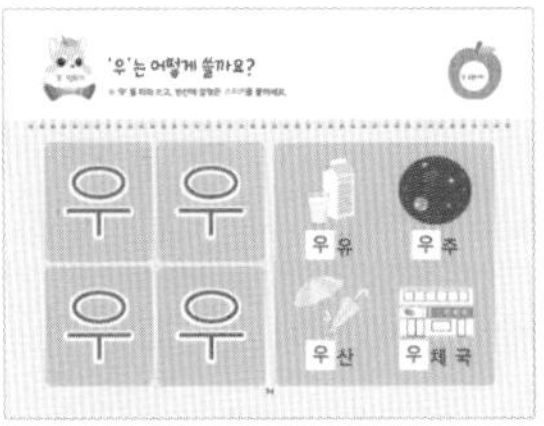

✱ 35P

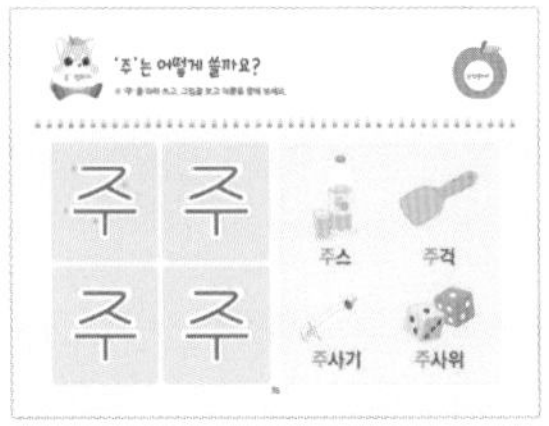

✱ 36P

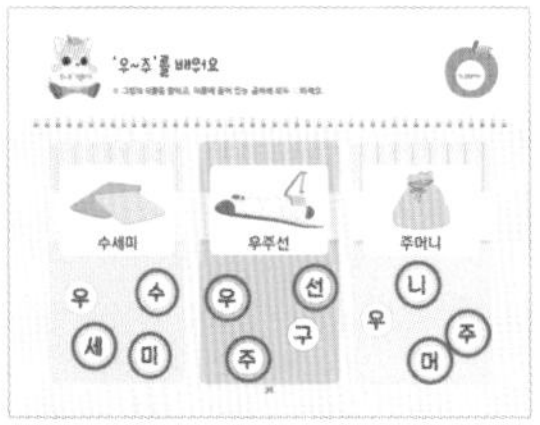

✱ 37P

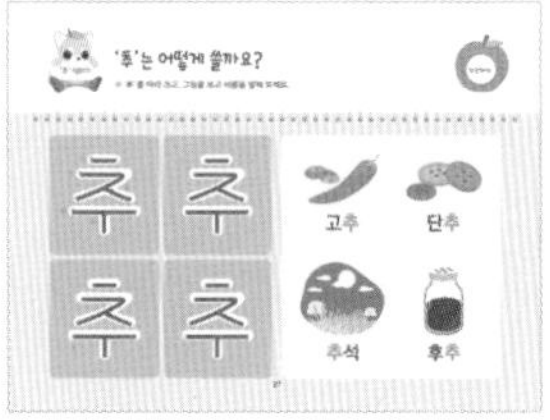

✱ 38P

✱ 39P

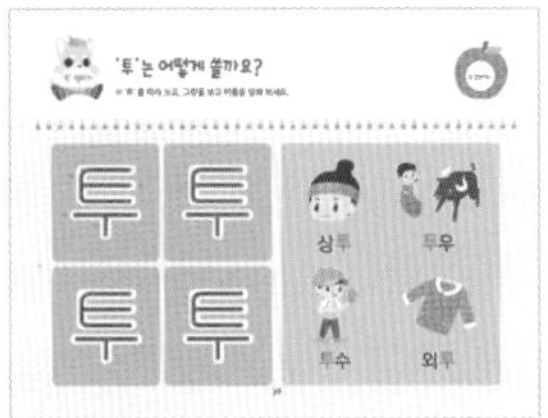

✱ 40P

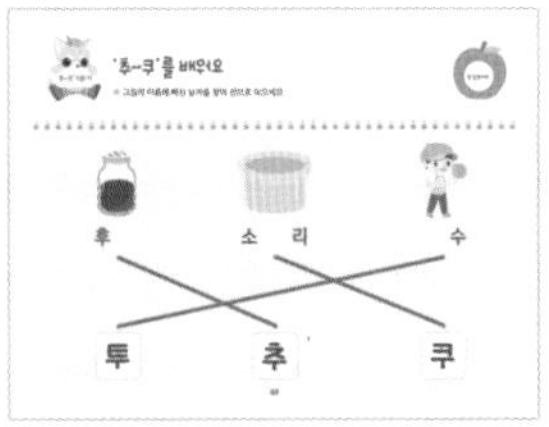

✱ 41P

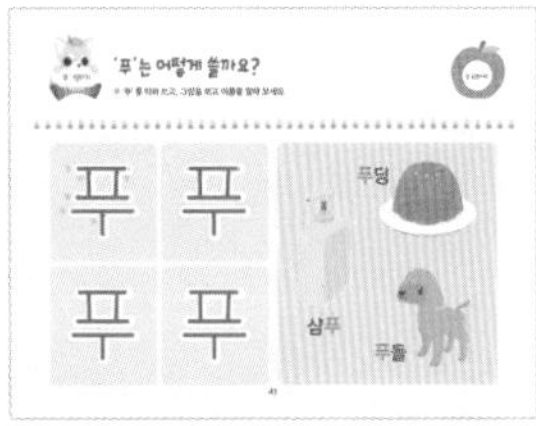

✱ 42P

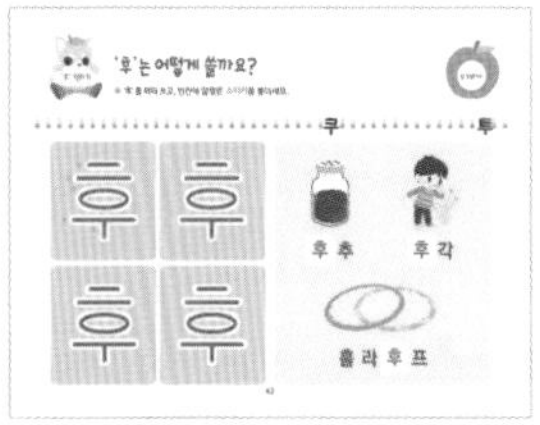

✱ 43P

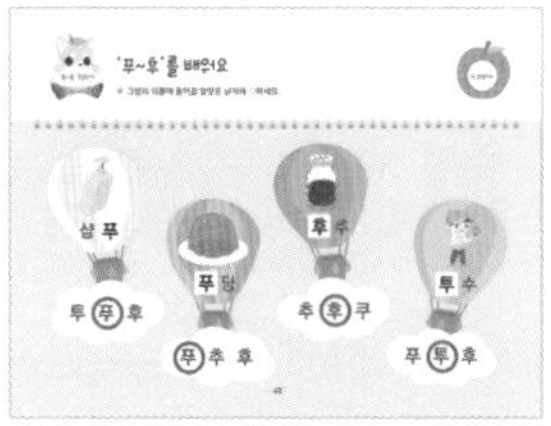

✱ 44P

✱ 45P

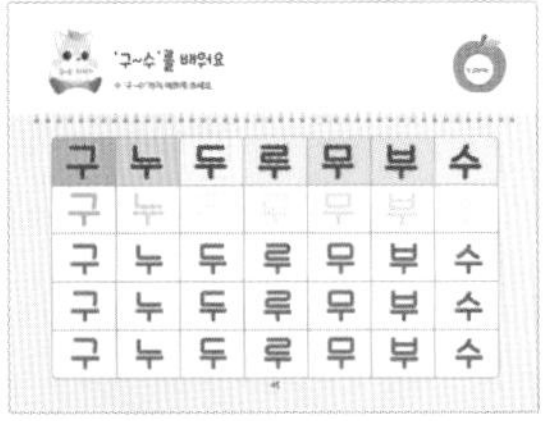

✱ 46P

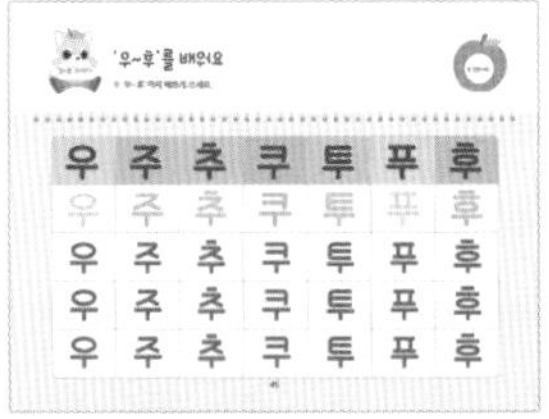

✱ 47P

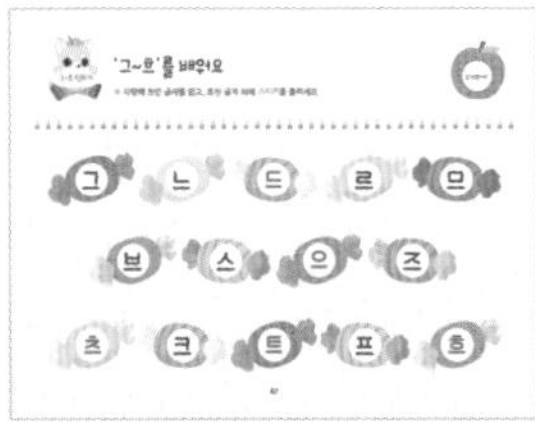

✱ 48P

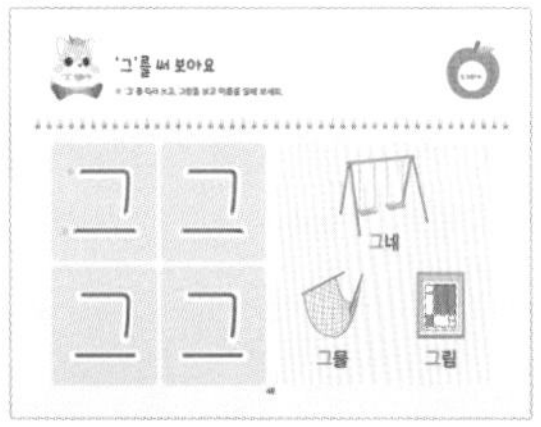

✱ 49P

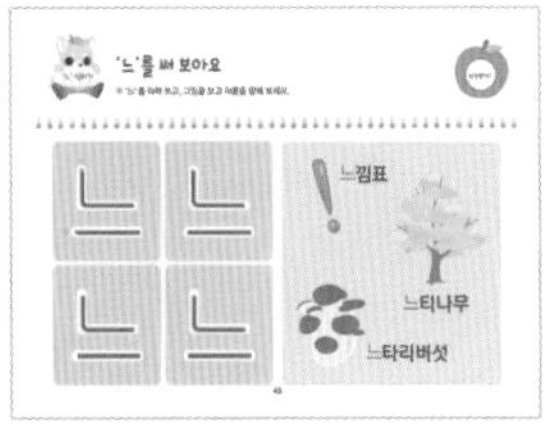

✱ 50P

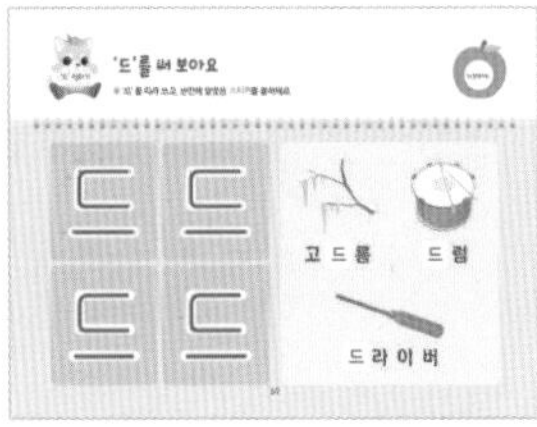

✱ 51P

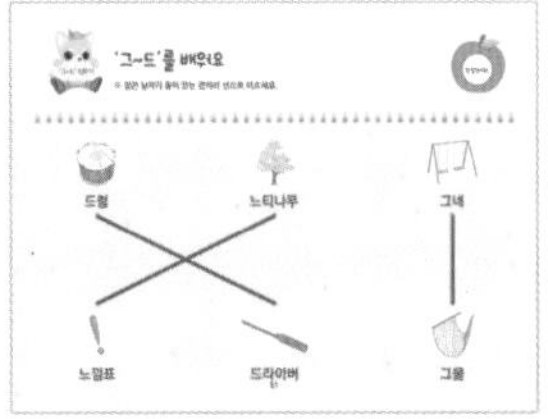

✱ 52P

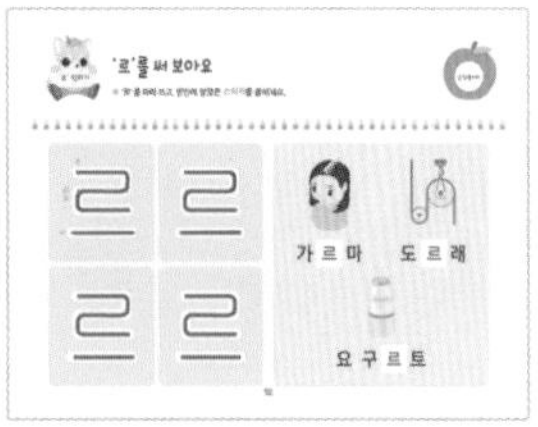

입학 전 한글떼기 5·6세

✱ 53P

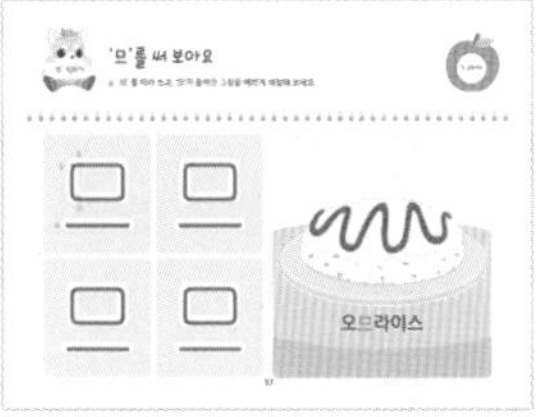

✱ 54P

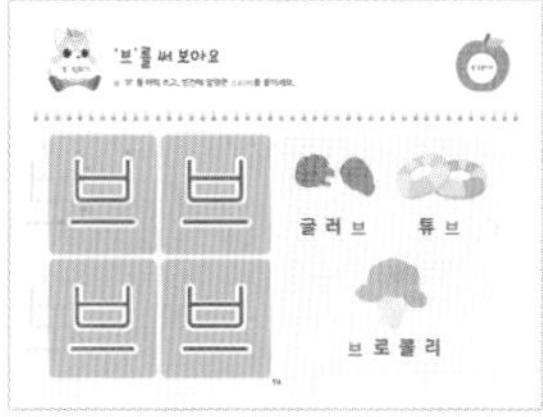

✱ 55P

✱ 56P

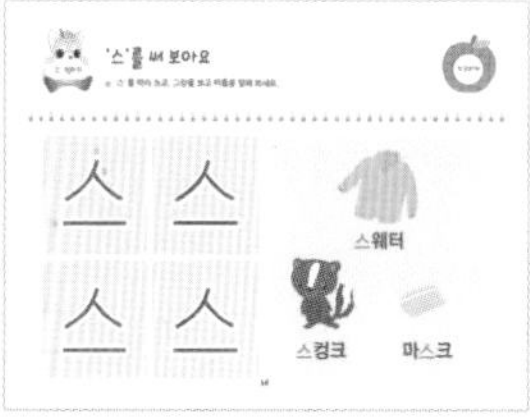

✱ 57P

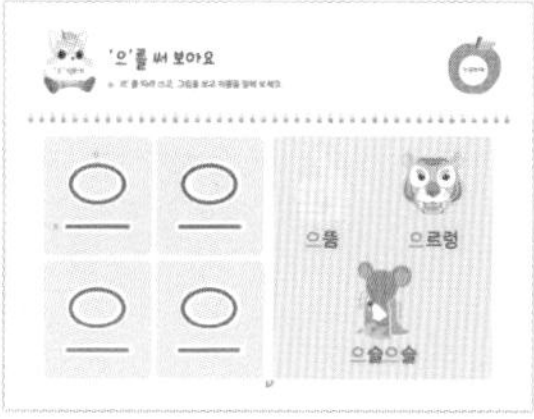

✱ 58P

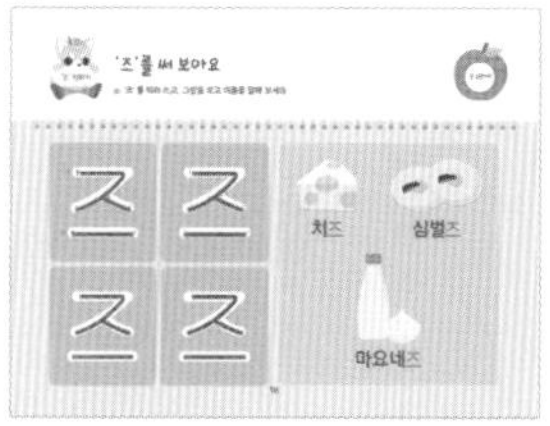

✱ 59P

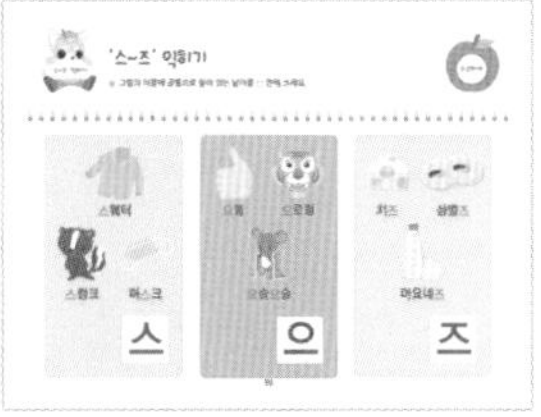

✱ 60P

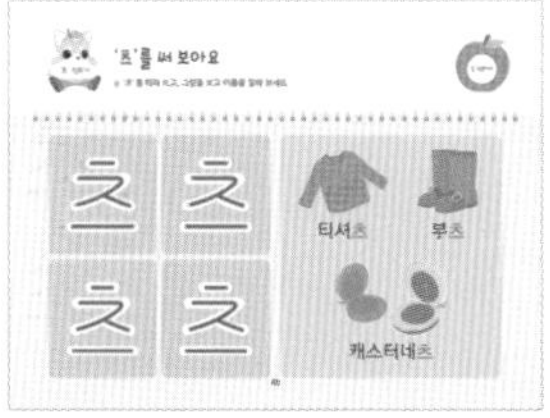

✱ 61P

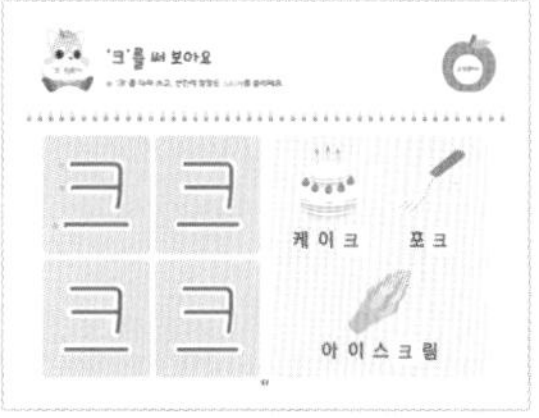

✱ 62P

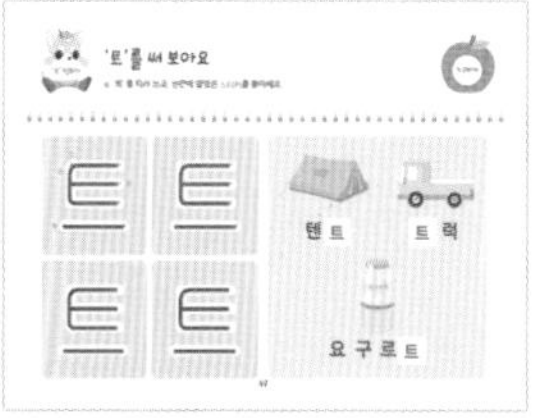

✱ 63P

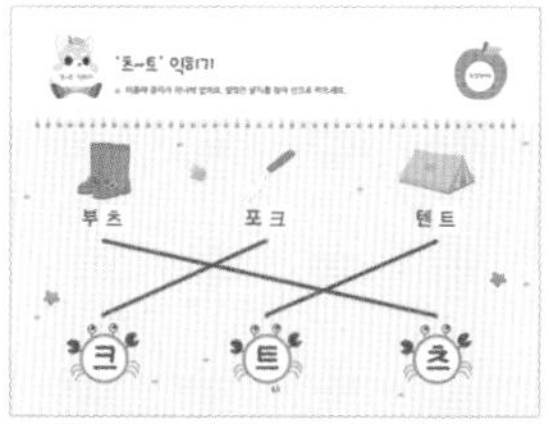

✱ 64P

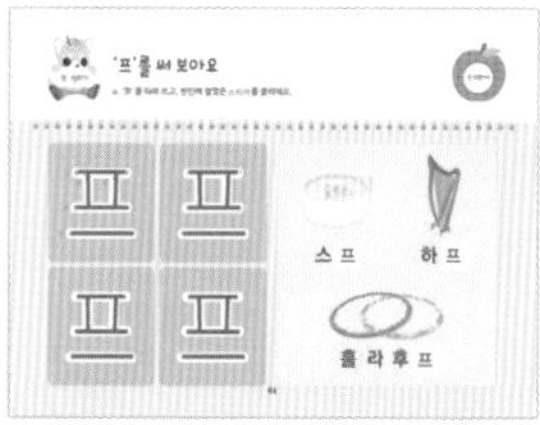

✱ 65P

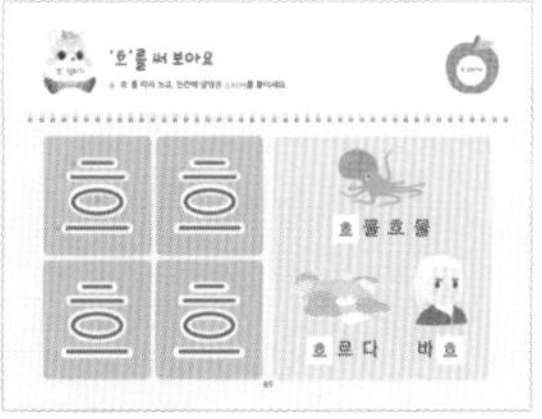

✱ 66P

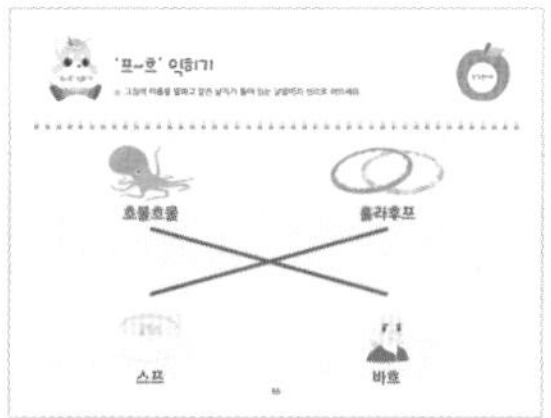

✱ 67P

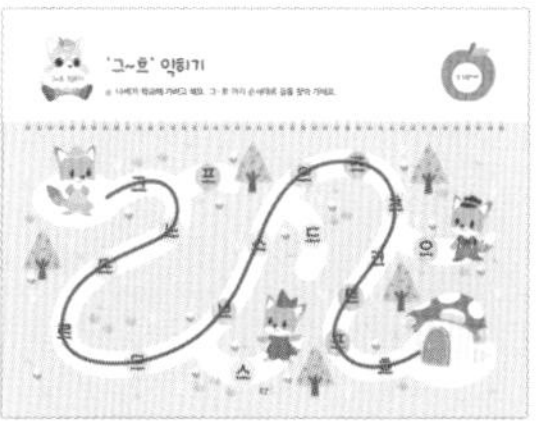

✱ 68P

✱ 69P

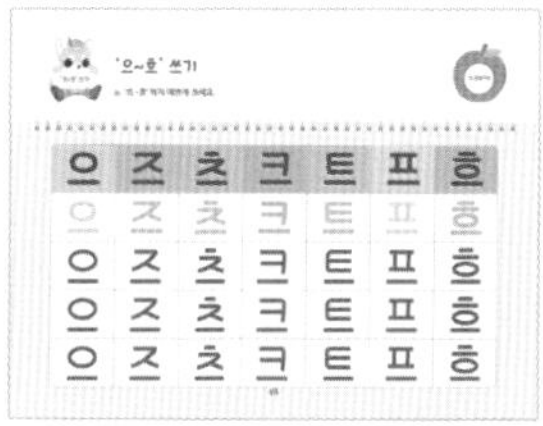

✱ 70P

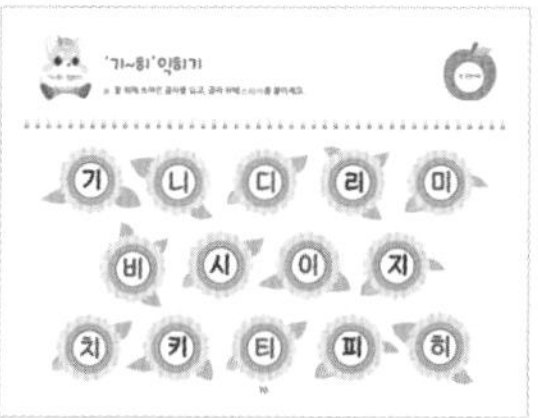

✱ 71P

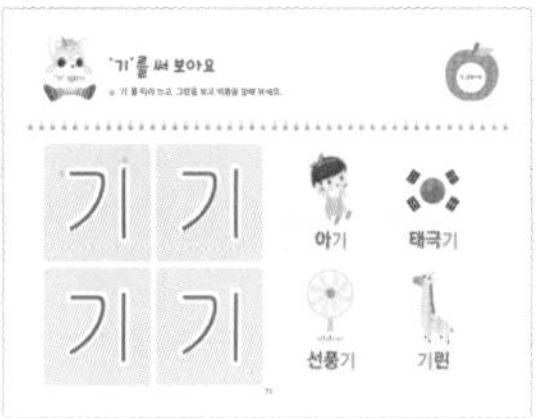

✱ 72P

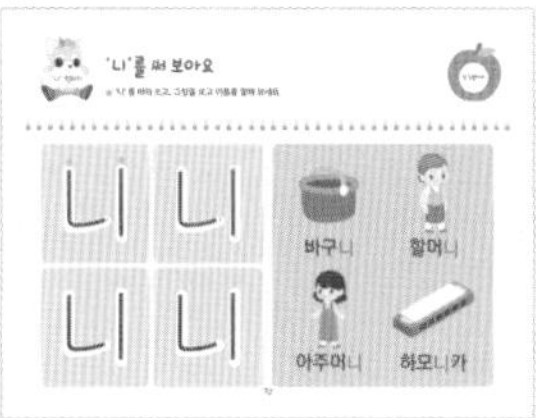

✱ 73P

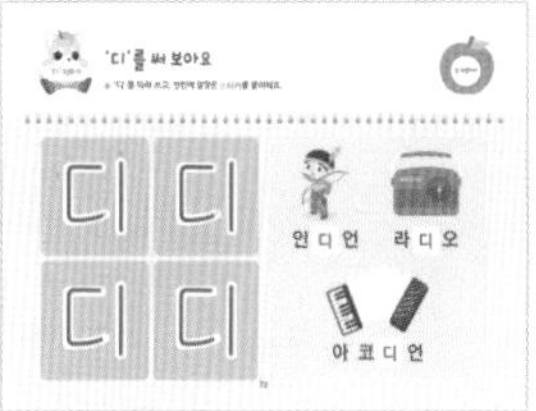

✱ 74P

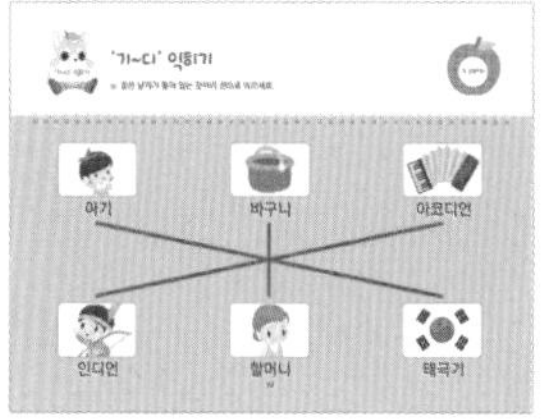

✱ 75P

✱ 76P

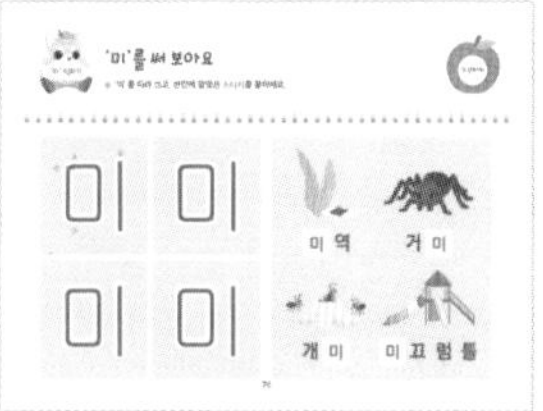

✱ 77P

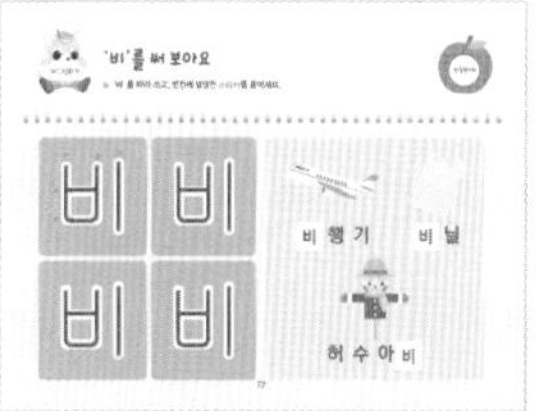

✱ 78P

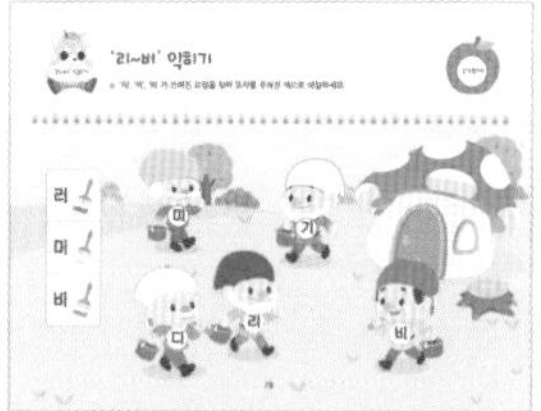

입학 전 한글떼기 5·6세

❋ 79P

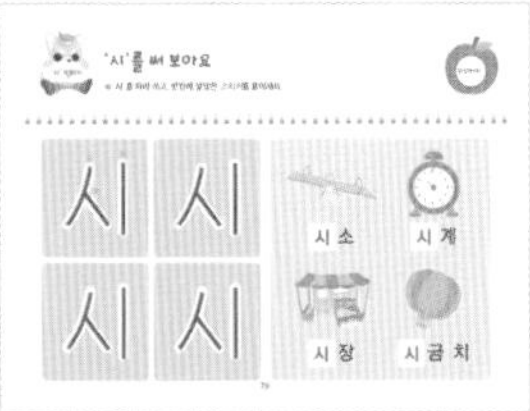

❋ 80P

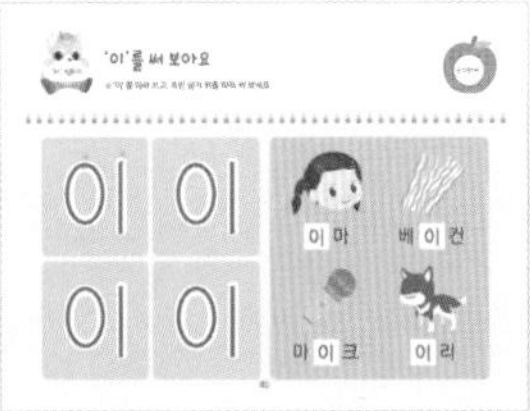

❋ 81P

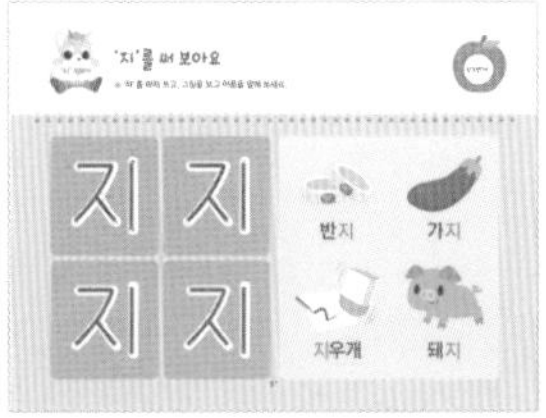

❋ 82P

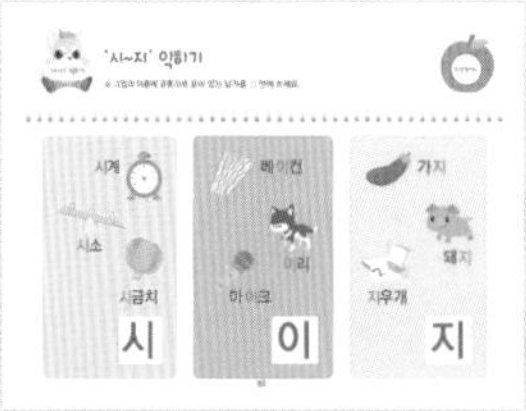

❋ 83P

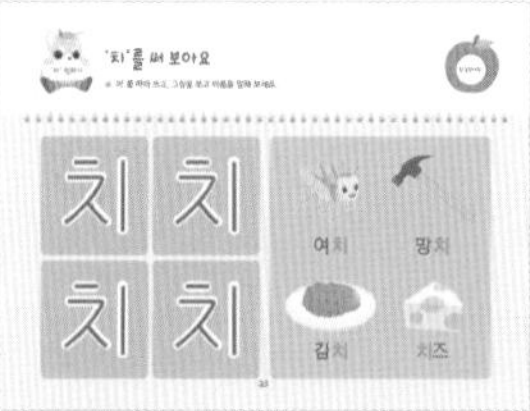

❋ 84P

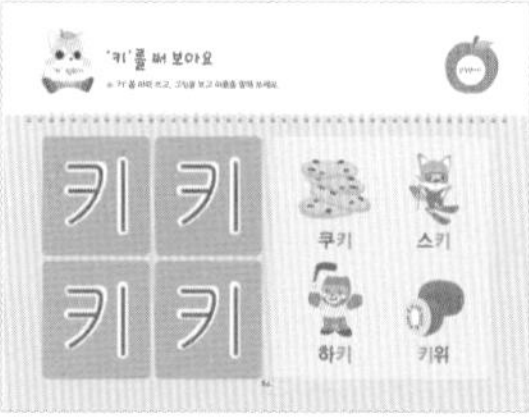

❋ 85P

❋ 86P

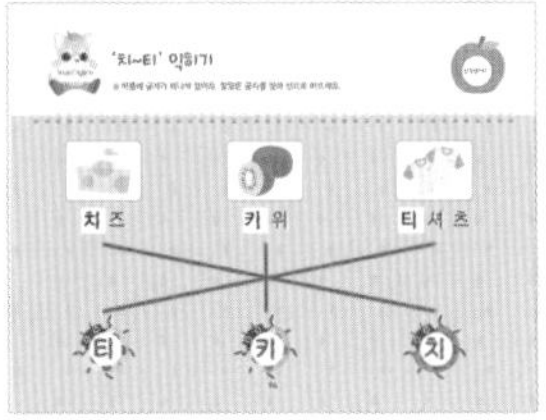

❋ 87P

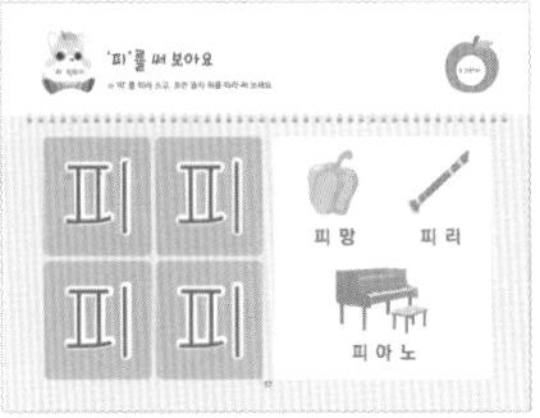

❋ 88P

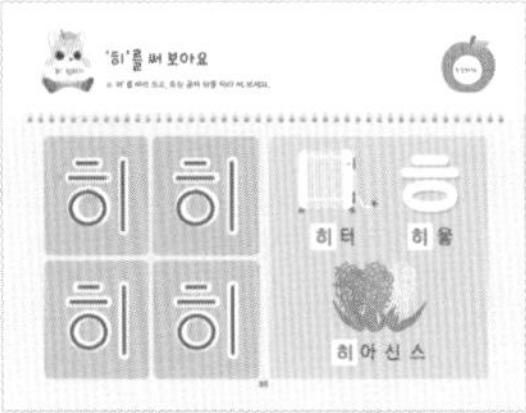

❋ 89P

❋ 90P

❋ 91P

❋ 92P

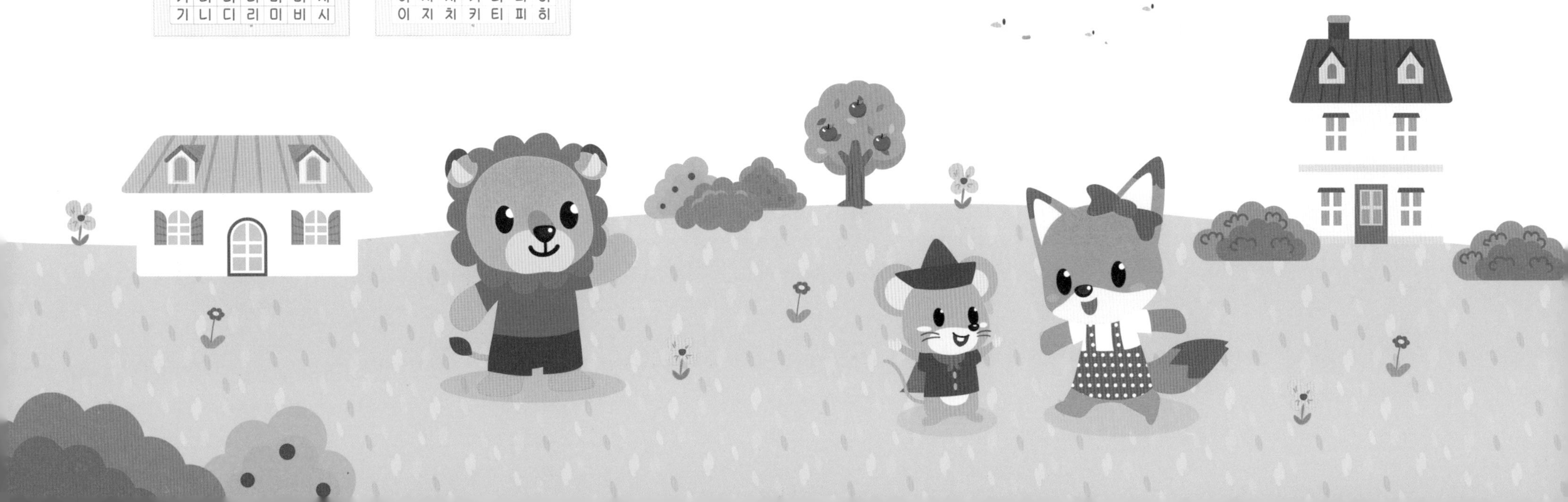

입학 전 한글떼기 5·6세

✻ '참 잘했어요!'에 붙여 주세요.

✻ 1P

도 모 초 토

✻ 24P

두 무 수 쿠 후

✻ 6P

로 로 로

✻ 18P

포 포 포

✻ 19P

호 호

호 호

✻ 7P

모 모 모

✻ 27P

두 두 두

✻ 8P

보 보 보

✻ 29P

루 루 루 루

✻ 11P

오 오 오

✻ 30P

무 무 무 무

✻ 12P

조 조 조

✻ 31P

부 부 부

✻ 14P

초 초 초

✻ 16P

토 토 토

✻ 33P

수 수

수 수

✻ 34P

우 우

우 우

✻ 42P

후 후

후

입학 전 한글떼기 5·6세

✳ '참 잘했어요!'에 붙여 주세요.

✳ 47P

드 으 츠 트 흐

✳ 50P

드 드 드

✳ 52P

르 르 르

✳ 54P

브 브 브

✳ 61P

크 크 크

✳ 62P

트 트 트

✳ 64P

프 프 프

✳ 65P

흐 흐 흐

✳ 73P

디 디 디

✳ 75P

리 리 리 리

✳ 76P

미 미 미 미

✳ 77P

비 비 비

✳ 79P

시 시 시 시

✳ 70P

기 리

시 지

키 피